高尾山

　明治の森高尾国定公園の中心となる高尾山は、都心から1時間たらずで登山口に、そしてさらに1時間も歩けば山頂に立つことができる。標高600メートルに満たない小さな山でありながら、群を抜いた植物の種類の豊富さが確認されている。それは、古くより山岳信仰の山として、また軍事・政治的な自治下におかれてきた歴史による保護と、日本の山林帯における暖帯林と温帯林のほぼ境目に位置し、両者の植生が共存しているという2つの理由が挙げられる。

　タカオスミレなどその名の通り高尾山で初めて発見された植物も多く、その数は60種類以上、その他1300種類に及ぶ植物と出合える。

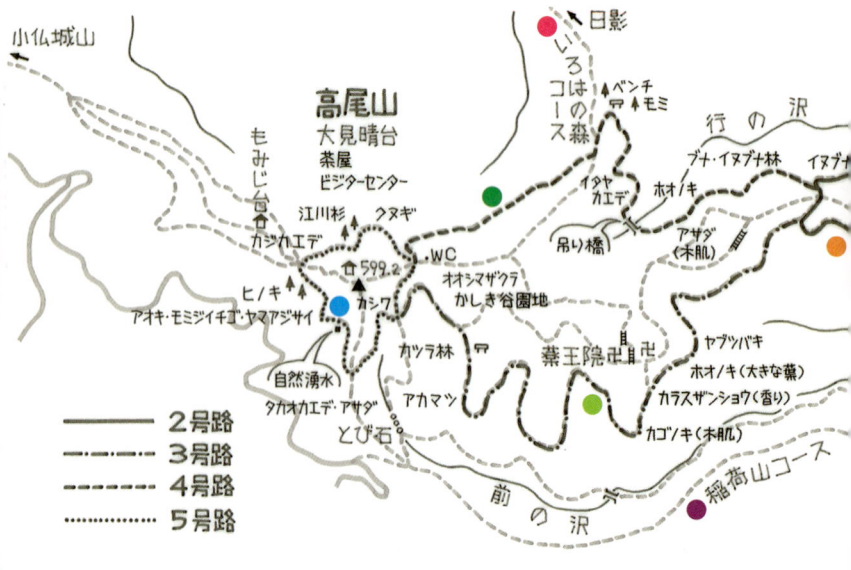

高尾山の主なコース

- 🔴 **1号路(表参道コース)**
  代表的な花:タチガシワ、イナモリソウ、キジョランなど
- 🟠 **2号路(霞台ループコース)**
  キジョランなど
- 🟢 **3号路(かつら林コース)**
  ムヨウラン、ジャコウソウなど
- 🟢 **4号路(吊り橋コース)**
  タカオヒゴタイ、イナモリソウ、ヤマウツボなど
- 🔵 **5号路(山頂ループコース)**
  シモバシラ、ダンコウバイ、シュンランなど
- 🔵 **6号路(琵琶滝コース)**
  セキヤノアキチョウジ、ウバユリ、ハナネコノメ、ユリワサビなど
- 🟣 **稲荷山コース(見晴らし尾根コース)**
  カンアオイ、コシオガマ、チゴユリ、キジョランなど
- 🩷 **日影沢コース(いろはの森コース)**
  花の宝庫。アズマイチゲ、ネコノメソウなど、春から秋にかけての多くの花が見られる

地図:萩生田 浩

目次

本書の使い方……… 5
用語解説……… 6

春の花 ……… 8

スミレ ……… 74

夏の花 ……… 84

秋の花 ……… 128

ラン ……… 166

樹木の花 ……… 182

おわりに……… 208
参考文献……… 208
五十音順さくいん…… 209
種類別さくいん……… 213

本書の使い方

本書は、季節（春・夏・秋）、種類（スミレ・ラン・樹木）ごとに高尾山で出合える植物を紹介しています。
その年によって見られる場所が変わる花もありますが、きっとどこかで見つかるはずです。本書を片手に花探しに出かけてみてください。

❶ 花の和名
❷ 花の通称名
❸ 花の科名と属名
❹ 開花時期
❺ 高尾山で見つかる場所や、名前の由来などを記載。

また、専門用語についてはP6を参照してください。

用語解説

あ **羽状複葉(うじょうふくよう)**
葉の形態のひとつで、小葉が羽状についているもの。頂小葉があるものを奇数羽状複葉という。

雄花(おばな)
蕊が、雄しべだけの花。

か **萼(がく)**
花びらの外側の部分。一つひとつを萼片という。

花茎(かけい)
根や地下茎から伸びて、葉はなく花だけをつける茎。

花糸(かし)
葯を支え、雄しべを構成している糸状の柄。

花序(かじょ)
茎への花のつき方で、花がついた枝全体のこと。

花穂(かすい)
稲穂のような形に咲く花。長い花軸に花が多数つく状態を穂状花序という。

花披片(かひへん)
萼片と花弁の総称。

花柄(かへい)
茎の一部で、先端に花をつける。花梗ともいう。

花弁(かべん)
花びらのこと。まとまった花弁を花冠という。

距(きょ)
花弁や萼片の一部が筒状になって長く突き出したもの。

互生(ごせい)
葉が1枚ずつ互い違いにつくこと。

さ **蕊(しべ)**
雄しべと雌しべのこと。

子房(しぼう)
被子植物の蕊の基部にある、膨らんだ袋の部分。

雌雄同株(しゆうどうしゅ)
雄花と雌花が同じ株につくこと。

雌雄別株(しゆうべっしゅ)
雌雄異株ともいう。雄花と雌花が別々の株につくこと。

腺体(せんたい)
粘液を分泌する腺が突起状になったもの。

総苞(そうほう)
花序全体の基部を包み込む、土台の部分。

た **対生(たいせい)**
ひとつの節に葉が向かい合ってつくこと。

托葉(たくよう)
葉の基部付近にある、葉に似ている付属体のこと。

多年草(たねんそう)
2年以上生存する、草本植物。

虫媒花(ちゅうばいか)
昆虫が受粉の仲介をする花のこと。

頭花(とうか)
小さい花が集まって、ひとつの大きな花に見えるもの。

は **披針形(ひしんけい)**
基部が広く、平たく細長く先が尖っている状態の葉のこと。

風媒花(ふうばいか)
風が受粉の仲介をする花のこと。

閉鎖花(へいさか)
花が開かずに、つぼみだけで終わる花のこと。自家受粉して結実する。

苞葉(ほうよう)
苞ともいい、花の基部にあってつぼみを包み込む葉のこと。

ま **むかご**
芽の一種で、葉の根元にできて大きくなったもの。地上部に生じ、養分を蓄えて多肉になる。

雌花(めばな)
蕊が、雌しべだけの花。

や **葯(やく)**
花糸の先にある、花粉をつくるための袋状の器官。

葉腋(ようえき)
葉の付け根の芽ができる部分。

葉柄(ようへい)
葉身(葉っぱ)と茎や枝などをつなぐ細い部分。

翼(よく)
茎や葉柄につくヒレ状のもの。

ら **鱗茎(りんけい)**
地下茎の一種で、短い茎のまわりに葉が球状についているもの。園芸では球根のこと。

輪生(りんせい)
ひとつの節に、2枚以上の葉が輪状につくこと。

春の花

厳寒に耐え、ゆっくりと花期を迎えるハナネコノメ、短期間に芽生えて開花し姿を消すアズマイチゲなど、たくさんの花が咲き誇る。可愛い花を、ゆっくりと探そう。

春 3-5月

アズマイチゲ
【東一華】

キンポウゲ科
イチリンソウ属

沢沿いで多く見られる。同じ高尾でも、早い花はユリワサビ（→P14）などと同時期に咲くが場所により花期がずれるので、長期間出合うことができる。キクザキイチゲと違い、葉に切れ込みがない場合が多く、あっても少ない。

キクザキイチゲ
【菊咲一華】

**キンポウゲ科
イチリンソウ属**

春 3月

　開花の始まりはアズマイチゲよりも少し遅れるが、両方咲いている場所もある。葉に切れ込みが多いので、アズマイチゲと区別できる。日当たりはあまり関係なく、沢沿いなどで見られる。花びらのように見えるのは萼(がく)で、花びらとしての虫寄せと、萼として花後に落ちないで種子を包み込み、保護する役割を果たしている。

イチリンソウ
【一輪草】

**キンポウゲ科
イチリンソウ属**

春 4-5月

　白い花だが、時々外側が薄いピンクになっているものもある。ニリンソウ（→P22）に比べるとかなり大きく、間違えることはないが、肥沃な土地では二輪咲くこともあるので、葉などの違いを認識しておくとよい。

春
3-5月

ハナネコノメ
【花猫の目】

ユキノシタ科
ネコノメソウ属

早い年では2月末頃から6号路、蛇滝口、日影沢や小下沢などに咲いている。白い部分は花ではなく萼で、赤い葯(やく)とのコントラストが美しい。見頃は、咲き始めの赤い蕊(しべ)が新鮮な3月初旬頃だろう。

ツルネコノメソウ
【蔓猫の目草】

ユキノシタ科　ネコノメソウ属

春　3–4月

　花が咲き終わるまでは普通の草花で、とても蔓には見えない。水辺を好み、花の後に走出枝(ランナー)を伸ばしていくことが名前の由来。水辺に生え、立ち上がる姿が水面に映えてとても美しい。

春 3-4月

ヤマネコノメソウ
【山猫の目草】

**ユキノシタ科
ネコノメソウ属**

　ネコノメソウより少し早く開花するようで、ネコノメソウが咲く頃、ヤマネコノメソウはすでに皿に盛ったような種子が見られる。両者の大きな違いは葉のつき方で、ネコノメソウは対生するがヤマネコノメソウは互生する。

春 3-5月

ヨゴレネコノメ
【汚れ猫の目】

**ユキノシタ科
ネコノメソウ属**

　沢沿いなど、水気の多い場所に多く咲く。対生する葉の色は場所や生長過程で変化する。名前の由来は、ほこりをかぶったようだからといわれている。上から見ると暗紫色の葯の下には黄色の苞葉が広がり、葯を引き立たせている。

ネコノメソウ
【猫の目草】

**ユキノシタ科
ネコノメソウ属**

春 3-5月

　よく似たヤマネコノメソウはあちこちに咲いているが、この花は日影沢などの湿った場所に密生している。裂開した果実が細い猫の目に見えることから、この名前がついた。

春
2-5月

ユリワサビ
【百合山葵】

アブラナ科
ワサビ属

　早春の花の中でも、早めに咲く花のひとつ。6号路では早春に姿を現すが、日影沢などではかなり遅れて咲く。葉が枯れた後、葉柄の基部が根元に残り、それがユリの鱗茎(りんけい)に似ていることが名前の由来とされている。

トウゴクサバノオ
【東国鯖の尾】

**キンポウゲ科
シロカネソウ属**

春 3–5月

実

あまり目立たないが、日影沢のキャンプ場付近で白く小さく咲く姿が目に入る。鯖の尾のような変わった実が生るので、この名前になったそう。白く花弁のように見えるのは萼で、その内側に黄色い密腺に変化したものが花弁らしい。

クワガタソウ
【鍬形草】

**ゴマノハグサ科
クワガタソウ属**

春 4–5月

名前の由来は、萼の形が兜の鍬形に似ているからといわれている。湿気が多い日陰に多く咲いており、花は弱々しく、少し触れただけでポロリと落ちることがある。花の色は、淡いピンクのものが多い。

ジュウニヒトエ
【十二単】

春 4-5月

シソ科
キランソウ属

　響きの良いこの名前は、幾重にも重なる花の姿を、宮中の女官の礼装である十二単に見立てたものとされている。高尾では散在しているが、場所により1本立ちや群生など様々。茎や葉柄などに毛が多く見られる。早春の花は下から開花していくものもあるが、花期が長いからか、ほとんど同時に開花しているようだ。

フデリンドウ
【筆竜胆】

**リンドウ科
リンドウ属**

春 3-4月

名前の由来は、つぼみが筆の形に似ていることから。瑞々しいフデリンドウのつぼみは、まさに筆の美称といわれる水茎と呼ぶのにふさわしい。

カントウミヤマカタバミ
【関東深山傍食】

**カタバミ科
カタバミ属**

春 3-4月

樹林の日陰によく咲き、紅葉台南側のコースでは群生している場所もある。

小葉が3枚で、葉の形は他のカタバミはハート形だが、この花は三角形に近い。

ヒメウズ
【姫烏頭】

キンポウゲ科 ヒメウズ属

春 3-4月

日影沢などで見られるが、花が小さいので注意深く探さないと見つけられない。葉の全体が柔らかく花は薄い紅色で、花が大きくなるにつれて重くなり垂れてくる。茎は上の方ほど毛が多い。

ツルカノコソウ
【蔓鹿子草】
別名:ヤマカノコソウ、ハルオミナエシ

オミナエシ科 カノコソウ属

春 4-5月

麓の沢沿いによく咲いている、湿気を好む花。咲き始めはほんのり薄紅色で、花茎が伸びてくると花序は広がりを見せて大きくなり、白い花になる。

ミヤマハコベ
【深山繁縷】

ナデシコ科
ハコベ属

春

3－4月

　沢沿いのコースや日影沢林道などに咲いている。ハコベの仲間の中では特に花が大きいので、よく目につく。花弁の数は10枚に見えるが、5枚の花弁が大きく切れ込んでいるだけである。花は、葉の付け根から伸びた細い花軸の先端にひとつつく。

ラショウモンカズラ
【羅生門葛】

シソ科
ラショウモンカズラ属

春
4-5月

　京都の羅生門で平安時代中期の武将である渡辺綱が切り落とした鬼女の腕と、この花が似ていたことから名前がついた。日影沢や小下沢(こげさわ)林道などで見られ、花が重く倒れやすいように見える。

ヤマルリソウ
【山瑠璃草】

ムラサキ科
ルリソウ属

春
3―5月

　基本は鮮やかな瑠璃色で、たまに白や薄紅色のものもある。多くの場所で見られ、共通しているのは斜面に咲いていること。多年草なのですぐ消えることはないが、斜面に落ちた種子は下の方に転がるので生育地が下がっていく。

春

4-5月

ニリンソウ
【二輪草】

キンポウゲ科
イチリンソウ属

　「ニリンソウ」という名前だが咲き始めは一輪で、少し遅れて二輪目が咲く。肥沃な土地では勢い余ってサンリンソウ【三輪草】を思わせるものも少なくない。
　花弁のように見えるのは萼片。主に白いが薄紅色、緑色のものもあり、萼片の数も5~9枚など、それぞれ変化に富んでいる。

セリバヒエンソウ
【芹葉飛燕草】

**キンポウゲ科
ヒエンソウ属**

春
4–5月

　花の後ろに突き出た距、これを燕の頭に見立てたのだろうか。上に大きく広がる萼片を羽根とするなら、まさしく燕のよう。葉が芹の葉に似ていることから、この名前がついた。

春

4-6月

ムラサキハナナ
【紫花菜】

別名:ハナダイコン【花大根】、ショカツサイ【諸葛菜】

**アブラナ科
オオアラセイトウ属**

　大根の花に似ているから「ハナダイコン」、諸葛孔明が兵の食料に用いたから「ショカツサイ」など、たくさんの別名を持つ花。群生して咲くので、一面が紫色になる。
　花言葉は「知恵の泉」「熱狂」「優秀」など。

ヒロハコンロンソウ
【広葉崑崙草】

別名:タデノウミコンロンソウ【蓼の湖崑崙草】

アブラナ科 タネツケバナ属

春

4—6月

　沢沿いの、水面すれすれの場所に生えていることが多い。名前は、白い花を中国の崑崙山の雪に例えたといわれている。日光湯本の蓼の湖で見つかったことから、タデノウミコンロンソウとも呼ばれている。比較的背丈の低い花が多いので、50センチ前後の高さで群生する姿はよく目立つ。

マルバコンロンソウ
【丸葉崑崙草】

アブラナ科 タネツケバナ属

春 4-5月

　全体的に毛が多く、十字架の形をした白い花はアブラナ科の特徴でもある。日影沢のコース沿いなどで見られる。同じコンロンソウの仲間のうち、ヒロハコンロンソウ（→P25）は小下沢などの沢沿いに多いが、ミツバコンロンソウ【三葉崑崙草】はまれにしか見られない。

ヒメハギ
【姫萩】

**ヒメハギ科
ヒメハギ属**

春 4-5月

　日当たりの良い場所で、春の陽光を受けて清々しい素顔を見せてくれる。花の形や色がハギの仲間に似ていることが名前の由来になっている。じっくり眺めても、花弁と萼片が入り乱れて区別しにくい。

ハシリドコロ
【走野老】

**ナス科
ハシリドコロ属**

春 4-5月

　毒草として知られ、食べると幻覚症状が出て走り回ることが名前の由来。湿気の多い沢沿いなどでよく見かける。暗紫色で鐘形の花は2センチ前後の長さで、内側は黄緑色をしている。高尾では、日影沢や小下沢などの狭い範囲に群生している場合が多い。

春	レンプクソウ	レンプクソウ科
4月	【連福草】	レンプクソウ属

　フクジュソウ【福寿草】の根に絡まっていたことが、名前の由来。国道20号から蛇滝入口までの間の川沿いと小下沢方面で見られ、前後左右にそれぞれひとつずつで4つの花、上向きにひとつの花が咲いていることから「五輪花」とも呼ばれる。

ヒトリシズカ
【一人静】

センリョウ科 センリョウ属

春 4〜5月

　四方に開く葉の真ん中から花穂が伸びる。3本セットの雄しべ、その基部に見えるのは黄色の葯。雌しべはさらに小さく白い点に見える。

　花の名前は、源義経の愛妾である静御前をイメージしてつけられた。

フタリシズカ
【二人静】

センリョウ科 センリョウ属

春 5〜6月

　ヒトリシズカは花穂が1本、この花は2本なので「フタリシズカ」になったが、中には3〜5本のものもある。

　ヒトリシズカよりかなり大きく、1ヵ月ほど遅れて咲く。

カタクリ
【片栗】

春 3–4月

ユリ科
カタクリ属

　高尾山では数が少なく、タイミングが悪いと見られない年もある。日陰ではゆっくり咲き、気温の低い日が続くとさらに遅れる。
　2枚葉にならないと花が見られず、また日が当たりすぎると色あせするので、やはり日陰の方が似合う花である。

エンレイソウ
【延齢草】

ユリ科
エンレイソウ属

春

4－5月

　湿った場所を好むのか、林の中などで見られる。この花は花茎にひとつの花をつけるが、よく似たミヤマエンレイソウ(→P32)は、花弁が3つある。毎年同じ場所で見られ、エンレイソウの根元付近には花が咲かない幼い株があることが多い。

ミヤマエンレイソウ
【深山延齢草】
別名：シロバナエンレイソウ

春
4–5月

ユリ科
エンレイソウ属

咲き始めは写真のように純白なので、別名をシロバナエンレイソウという。花に見えるのは萼で、咲き始めから10日前後過ぎると右下の写真のようにピンク色に変化する。

キバナノアマナ
【黄花甘菜】

ユリ科
キバナノアマナ属

春
3-4月

　早春の花は麓から咲く。この花も小仏川沿いの麓に咲き、その時期、小仏川のコースは花見ハイカーでにぎやかになる。
　名前の由来は花が黄色でその形がアマナ【甘菜】に似ているから、といわれている。

春
4-5月

チゴユリ
【稚児百合】

**ユリ科
チゴユリ属**

アズマイチゲ（→P8）やキクザキイチゲ、イチリンソウ（ともに→P9）やニリンソウ（→P22）などが終わりを迎える頃、山頂近くのやや高い場所で開花する。小さくて可愛いので稚児、ユリ科ということから「チゴユリ」になったらしい。

春
4-5月

ホウチャクソウ
【宝鐸草】

**ユリ科
チゴユリ属**

名前の由来は、寺院などの軒先に吊り下げられる「宝鐸（ほうちゃく、ほうたく）」に似ていることから。

チゴユリとほぼ同時期に開花し、チゴユリとホウチャクソウの交雑種は、ホウチャクチゴユリと呼ばれる。

ワニグチソウ
【鰐口草】

**ユリ科
アマドコロ属**

春
5-6月

　筒状の花は、葉状の苞を傘にして大事に保護されているように見える。この苞の形を神社などの軒に吊される「鰐口」に見立て、この名前になったそう。

　花は普通2つだがたまに3つの場合もあり、場所によっては葉の上に花が乗っているものもある。

春 5-6月

ミヤマナルコユリ
【深山鳴子百合】

**ユリ科
アマドコロ属**

　小さい板に竹筒を吊した「鳴子」に似ていることが、名前の由来。互生する葉の付け根から花柄を伸ばし、その先端に2つ前後の花をつける。花は普通葉に吊り下がる形になるが、葉の上に姿を見せるものもある。

春 6月

ナルコユリ
【鳴子百合】

**ユリ科
アマドコロ属**

　全体が弓なりで大きく伸びる花は互生する葉の隙間から見られるが、全体像は葉の下からでないと見えない。
　花の数は多く、ほぼ垂直にぶら下がる花の形は鳴子そのもので、花後の実は黒く熟す。

ヤマエンゴサク
【山延胡索】
別名:ヤブエンゴサク

**ケシ科
キケマン属**

春
3-4月

　沢沿いなど、水気の多い場所で見かけることが多い。花の付け根の苞に切れ込みがあることが特徴で、別名をヤブエンゴサクという。
　小仏行きのバス通り、その高尾山寄りに流れる川沿いを歩くと、可愛いヤマエンゴサクが所々で見られる。

ジロボウエンゴサク
【次郎坊延胡索】

春
4-5月

ケシ科
キケマン属

　ヤマエンゴサク(→P37)によく似ているが、この花の方が少し小さい。葉の形でも両者の区別はつくが、苞に切れ込みがあるのがヤマエンゴサク。
　名前の由来はスミレを「太郎坊」、この花を「次郎坊」と呼び、子どもたちが距同士を引っかけて遊んだことによるらしい。

ミヤマキケマン
【深山黄華鬘】

**ケシ科
キケマン属**

春 4–5月

　林の縁や日影沢などに群生している。日当たりの良い場所に咲いているので、よく目立つ。葉は細かく切れ込んでいるが、花は澄んだ黄色をしている。高さは50センチくらいまでになり、群生することにより存在感を表す。

ムラサキケマン
【紫華鬘】
別名:ヤブケマン

**ケシ科
キケマン属**

春 4–6月

　ミヤマキケマンと同じように、林道や林の縁などで見られる。花は同時期に咲くヤマエンゴサクやジロボウエンゴサクによく似ている。
　最近は、花の色が白いシロヤブケマンと呼ばれるものが増えている。

ヤマブキソウ
【山吹草】

春
4-5月

ケシ科
クサノオウ属

　名前の由来は、花がバラ科のヤマブキに似ていることから。日陰の湿地で育ち、葉が芹に似たものをセリバヤマブキソウ【芹葉山吹草】と呼んでいるが、両者の交雑種と思われるような紛らわしいものもたまに見られる。

コチャルメルソウ
【小唢吶草】

ユキノシタ科
チャルメルソウ属

春

4-6月

沢沿いの日陰でよく見かける。茎や花に毛が多く、個性的な花を咲かせる。名前の由来は、成熟した実の形がラッパを連想させるからだという。直立した茎は少なく、若い茎ほど先端が曲がっている。

フタバアオイ
【双葉葵】

春　4-5月

ウマノスズクサ科
フタバアオイ属

日影沢方面に多く咲いている。徳川家の家紋は、この葉を3枚組み合わせたものらしい。中心が雌しべでそれを取り巻く棒状のものが雄しべ、先端に花粉がついている。

ミミガタテンナンショウ
【耳型天南星】

サトイモ科　テンナンショウ属

春　4-6月

雌雄別株で、雌花に入った虫は高い確率で死を迎える。一般的に大きい株の花は雌花で、小さい株に雄花が咲く。未来へ引き継ぐ種子の形成にはエネルギーが必要なため、根の芋が十分に大きく育たないと雌株にはなれない。

ウラシマソウ
【浦島草】

春
4-5月

サトイモ科
テンナンショウ属

　花の先端から伸びている付属体が釣り糸のように見えるので、浦島太郎にちなみウラシマソウになった。麓に多いが中腹にもあり、山頂近くでも見られる。群生もしているが、大きく花開いた親株のまわりに可愛い子株たちをよく見かける。

オウギカズラ
【扇葛】

シソ科
キランソウ属

春

4-5月

6号路や小下沢などで見られる。単独で咲いていることは少なく、ほとんどの場合は小規模ながらも群生している。花の色は純白に近いものもあり、変化に富んでいる。花の後、地を這うように伸びていく蔓を見かける。

サワギク
【沢菊】
別名：ボロギク【襤褸菊】

春 5-8月

キク科 キオン属

　春の花が消え始める頃、林道や沢沿いの湿った場所に姿を現す。黄色い花の直径は1センチ程度で小さく可愛らしいが、たくさんの花をつけるので意外と見つけやすい。

　羽状に深く切れ込んだ葉をつけた茎はわりと長く弱々しいが、横倒しになっているものは見かけない。

カラスノエンドウ
【烏野豌豆】
別名:ヤハズエンドウ【矢筈豌豆】

カスマグサ
【かす間草】

マメ科ソラマメ属
スズメノエンドウ
【雀野豌豆】

春
3-6月

　カスマグサ以外は多くの場所で見られ、いずれも日当たりの良い道端に咲く。莢（さや）が熟すと黒くなるので烏野豌豆、それより小さいので雀野豌豆になり、両者の間、つまりカラスとスズメの間ということでカスマグサという名前になった。

春
4–5月

イカリソウ
【碇草/錨草】

メギ科
イカリソウ属

　最も近くで見られる場所は、一丁平付近。花の色は紅紫色やピンクで、数は少ないが白も見られることがある。
　名前の由来は、花の形が船の碇に似ているためらしい。

イヌガラシ
【犬芥子】

アブラナ科
イヌガラシ属

春
4–8月

「イヌ」という言葉には役立たずの意味があるそうで、食用のカラシナに似ているが食べられないため、この名前になったようだ。

春

5–6月

ヤマタツナミソウ
【山立浪草】

シソ科
タツナミソウ属

段々に花がつき、苞葉の大きさは上に行くほど小さくなる。タツナミソウ【立浪草】は、苞葉が目立たないので区別しやすい。

オカタツナミソウ
【丘立浪草】

シソ科
タツナミソウ属

春
4-6月

　以前は斜面に群生して一面が青く染まっていたが、植生回復のために手入れがされなくなって雑草に負けてしまったのか、あまり見られなくなってしまった。花の後に皿状の実が生り、種子はその皿の下がさらに膨らんだ萼片の中に入っている。

春
4-5月

ワダソウ
【和田草】

**ナデシコ科
ワチガイソウ属**

環境の変化に弱く、なかなか見つけることができない花のひとつ。
名前の由来は、長野県の和田峠に多いことから。
　白い花弁が、花糸の先端にある赤い葯を引き立てている。

ハタザオ
【旗竿】

アブラナ科
ハタザオ属

春
5-6月

　上部の小さい花は旗にしては小さすぎるが、まっすぐ高く伸びた姿は旗竿そのもの。花はアブラナ科の花らしく4片で、真上から見ると十文字になっている。茎が太く丈夫そうで、旗竿のようだ。

ヤマハタザオ
【山旗竿】

春
6月

アブラナ科
ハタザオ属

城山や日影沢林道などに咲いている。細く背が高く、写真1枚ではおさまりきらない。中には低い花もあり、20センチほどのものも見かけることがある。

サワルリソウ
【沢瑠璃草】

ムラサキ科 サワルリソウ属

春 5–6月

名前は「ルリソウ」でも、つぼみのときわずかに瑠璃色が見られるだけで、開いた花を見ると白色が強く出ている。

沢沿いの斜面に生えているが、あまり数は多くない。

春
4-5月

ホタルカズラ
【蛍葛】

ムラサキ科
ムラサキ属

　以前は明王峠から相模湖までのコースでよく見かけたが、伐採されて日当たりの良くなった本山のあたりにも咲くようになった。城山近くでは毎年群生が見られるが、なぜか花は咲かない。
　名前の由来は、花の中心にある白く隆起している部分が蛍の光を思わせるから、といわれている。

ヤマウツボ
【山靭】

ハマウツボ科
ヤマウツボ属

春
5月

　日陰で湿気の多い場所に多い。落ち葉の多い場所、つまり落葉樹林の中が好みの場所のようだ。春は新緑、秋は紅葉が美しい4号路に多く咲いている。

イナモリソウ
【稲森草】

**アカネ科
イチリンソウ属**

春
5–6月

ホシザキイナモリソウ【星咲稲森草】

フイリイナモリソウ【斑入稲森草】

　道端に単独で咲く場合が多く、あまり群生しないので見つけにくい。三重県の稲森山で最初に発見されたことから、この名前になった。
　ホシザキイナモリソウとフイリイナモリソウは、ともに高尾山で最初に発見されたことで知られている。注目すべきは花披片の数で、ホシザキイナモリソウだけは数が一定していない。それぞれの違いは、葉が同じで花の形が違うもの、花が同じで葉の模様が違うもので見分けるしかない。

ナツトウダイ
【夏燈台】

**トウダイグサ科
トウダイグサ属**

春

4-5月

子房のある花

　「夏」という名前がついているが、同属の中で最も早く咲く花。麓から尾根筋などにかけて、多くの場所で見られる。

　三日月型の腺体がこの花の特徴で、普通4つの腺体にひとつの子房(後に種子になる)がつくが、中には腺体が5つで子房のないものもたまにある。

ユキノシタ
【雪の下】

春 5-6月

ユキノシタ科
ユキノシタ属

　蛇滝口に向かう途中の橋の手前を左に入り、川沿いの少し斜めに立っている梅の木にこの花が張りついていた。
　花びらは上が3枚で、きれいな斑が入っている。下は2枚が普通だが、雨の日などに見ると雨に濡れた2枚の花びらは重なり合い、1枚に見える。

サツキヒナノウスツボ
【五月雛の臼壺】

ゴマノハグサ科 ゴマノハグサ属

春 5-6月

　高尾山で初めて発見された花だが、あまり目立たないので探すのはひと苦労。葉の付け根から2本の花柄を出し、その先端に壺型の花を咲かせる。同じ仲間のオオヒナノウスツボ（→P139）に比べると、花数が少ない。

ハハコグサ
【母子草】

別名:オギョウ【御形】

春 4-6月

キク科
ハハコグサ属

　高尾山では林道などに咲いている。多く見られるのはこの時期だが、秋になっても元気に咲いているので、アキノハハコグサ【秋の母子草】とよく間違われる。
　春の七草のひとつで、オギョウとも呼ばれている。

センボンヤリ
【千本槍】
別名:ムラサキタンポポ

**キク科
センボンヤリ属**

春
4-5月

閉鎖花と種子(秋)

春

　春は虫媒花、秋は閉鎖花で自家受粉して種子を残す。春に開花するが、つぼみのときは花弁の外側が紫色をしているので春の花の別名をムラサキタンポポという。左下の写真のような高く突き出たつぼみが槍のように見えるので、この名前になった。

春
4-7月

ハルジオン
【春紫苑】

キク科
ムカシヨモギ属

秋に咲くヒメジョオン【姫女苑】とよく似ている。ヒメジョオンはピンと姿勢良く咲くが、ハルジオンはつぼみのうちは下を向いている。ヒメジョオンは「姫」なので、めったに頭を下げないという面白い説もある。

ノアザミ
【野薊】

キク科 アザミ属

春 5-7月

　野に咲くアザミだからとか、花は美しいが葉に鋭い刺があり「あざむく」からなど、名前の由来にはいろいろな説がある。
　姿形は秋に咲くノハラアザミ(→P152)によく似ているが、それほど数は多くない。

春
5―7月

ニガナ
【苦菜】

**キク科
ニガナ属**

　コース沿いを歩いていると出合える、5~6弁の花。茎や葉は細く、切ると出てくる白い乳液が苦いことからこの名前がついた。
　花は黄色が多いが白色もあり、シロニガナ【白苦菜】と呼ばれる。

ハナニガナ
【花苦菜】

キク科
ニガナ属

春

5−7月

　ニガナの花弁が5~6枚に対し、ハナニガナは7~12枚もある。両方の花が近接している場所もあり見分けがつきにくいが、ニガナが背丈が30センチほどなのに対してハナニガナは40センチほどと、少し大きい。

キツネアザミ
【狐薊】

キク科 キツネアザミ属

春
5–6月

花だけを見るとアザミ【薊】にそっくりだが、大きな違いは葉に刺がないこと。両者の見分けがつきにくく、人をだますということから「キツネ」の名前になった。

タチガシワ
【立柏】

ガガイモ科
カモメヅル属

春
4-6月

芽が出てからしばらくの間は、葉緑素を持たずに光合成をしない腐生植物のように見える。1号路に多いが、実ができる株はほとんどない。実は5センチ前後の披針形で、数本上向きに生ることもあるが、裂けて種子が見られる頃には2~3個残ればよい方である。

春 4−5月

アケビ
【木通】

アケビ科 アケビ属

　名前の由来は諸説あるが、実が熟すると裂けることから「開け実」が変化したとされている。

　小葉が5枚なので、ミツバアケビと区別しやすい。

春 4−5月

ミツバアケビ
【三葉木通】

アケビ科 アケビ属

　アケビに比べると花の色が濃い。小葉が3枚なので、ミツバアケビと呼ばれる。雌雄同株で基部につく大きい花が雌花、秋には大きな実になる。晩夏から初秋にかけて林道を歩くと、未熟な実が落ちているのが目につく。

オオバウマノスズクサ
【大葉馬の鈴草】

**ウマノスズクサ科
ウマノスズクサ属**

春

5-6月

実

　名前の由来は、実がウマノスズクサ【馬の鈴草】に似ているが、こちらの方が葉が大きいことから。実は熟す前に虫に食されて内部をさらけ出すこともあるが、黒く熟していく。

春

5―6月

ジャケツイバラ
【蛇結茨】

マメ科
ジャケツイバラ属

　5月末頃、京王高尾山口駅から国道20号線方面の山の中腹を眺めると見えるのがジャケツイバラ。いろはの森コースと交差する日影沢林道の奥では、写真のような「クリスマスツリー」が見られる。6号路を登り、コースを直角に曲がったベンチがある場所では、日影沢よりも一週間以上開花が遅れる。

ハンショウヅル
【半鐘蔓】

キンポウゲ科 センニンソウ属

春

5月

　江戸時代、火事を知らせる際などに使用された釣鐘の「半鐘」に似ていることからこの名前になった。日影沢ではバス通りの脇で見られる。

　種子には種毛があり、風で飛ばされてまき散らされる。

スミレ

高尾山はスミレの種類が多く、虫のイタズラで思わぬ交雑種が誕生することもある。ヒラツカスミレも、その一例。

スミレ 4月

ヒラツカスミレ
【平塚菫】

スミレ科 スミレ属

ヒゴスミレとエイザンスミレ（ともに→P79）との交雑種。葉はヒゴスミレに、花はエイザンスミレに似ており、それぞれの特徴が見られる。

アオイスミレ
【葵菫】

**スミレ科
スミレ属**

スミレ 3-4月

　名前の由来は、葉がフタバアオイ（→P42）に似ていることから。花期は早いが小さいので、あまり目立たない。側弁が半開きなので、他のスミレと区別しやすい。

　コスミレと同様に早咲きである。

ヒナスミレ
【雛菫】
別名：アラゲスミレ【荒毛菫】

**スミレ科
スミレ属**

スミレ 3-4月

　小さめで可愛らしいことから、「雛」の名前がついた。日陰を好むので、伐採で日当たりの良くなった場所では徐々に見られなくなっていく。

　葉に斑が入ったものは「フイリヒナスミレ」と呼ばれる。

コスミレ
【小菫】

スミレ
3-4月

スミレ科
スミレ属

　高尾林道や北高尾のコース脇や南向きの斜面など、日当たりの良い場所に咲いている。葉の形や花の色に変化が多いが、葉の基部が浅いながらもハート形なので、よく似たオカスミレ【丘菫】の卵形の葉と区別できそうだ。

タチツボスミレ
【立坪菫】

スミレ科
スミレ属

スミレ

3-6月

　数は少ないが、麓から尾根筋にかけて日当たりの良い場所でほとんど一年中咲いている。花の色は変化が多く、葉の付け根には細かく切れ込んだ托葉がある。
　スミレの仲間の中でも、最も多く見られる。

ニオイタチツボスミレ
【匂立坪菫】

スミレ科
スミレ属

スミレ

3-4月

　尾根筋や日当たりの良い場所で見かけることができる。タチツボスミレによく似ているが、かすかに芳香があることからこの名前がついた。花の色はタチツボスミレよりも濃く、そのため特に花の白い部分が目立つ。

スミレ
3–4月

アカネスミレ
【茜菫】

スミレ科
スミレ属

日当たりの良い斜面などによく咲いている。葉から花茎、すべてに毛が多いことが特徴。花の後ろに突き出た距にも、わずかながら毛が生えている。

ヒゴスミレ
【肥後菫】

スミレ科
スミレ属

スミレ

4-5月

　あまり数は多くないが、南高尾や陣馬山方面に咲いている花。細く切れ込んだ葉が特徴で、白い花が多い。熊本県の肥後に多く咲いていたことから、この名前になったといわれている。
　かすかに芳香が漂う。

エイザンスミレ
【叡山菫】

スミレ科
スミレ属

スミレ

3-4月

　多くの場所で見られ、比叡山(ひえいざん)に咲くことが名前の由来。花の色は濃淡いろいろで、葉の形も変化が多い。
　他のスミレとは違い葉が3つに深く裂け、細かく分かれているので区別しやすい。

アケボノスミレ
【曙菫】

**スミレ科
スミレ属**

スミレ / 4-5月

明け方の空に花の色が似ていることが、名前の由来になっている。

葉は開花後に遅れて出てくるが、小さく内巻きになっているので見つけにくい。

ナガバノアケボノスミレ
【長葉の曙菫】

**スミレ科
スミレ属**

スミレ / 4-5月

アケボノスミレとナガバノスミレサイシンとの交雑種。花の色はアケボノスミレに似ているが、形などは両者折衷である。

アケボノスミレと違うのは、花と葉がほぼ同時に出てくること。

ナガバノスミレサイシン
【長葉の菫細辛】

スミレ科
スミレ属

スミレ

3-4月

　咲き始めの頃は、葉の形も整わず基部がめくれている。見られる場所は多く、花の色も様々あるが、ポイントは距が短く太いことだろう。

　花より葉が遅れて育つので、めくれる葉の基部も特徴のひとつ。

マルバスミレ
【丸葉菫】

スミレ科
スミレ属

スミレ

3-5月

　名前の通り葉が丸く、比較的群生している場合が多い。以前は毛のあるもののみをケマルバスミレと呼んでいたが、最近では総称してマルバスミレと呼ぶようになったようだ。

　花は白いので、群生している場所ではよく目立つ。

スミレ
4–5月

タカオスミレ
【高尾菫】

**スミレ科
スミレ属**

最初に高尾山で発見されたスミレ。ヒカゲスミレの変種で、若葉が暗紫褐色なので他のスミレと区別しやすい。

日影沢や小下沢など、日当りの良い林道で多く見られる。

スミレ
3–4月

ヒカゲスミレ
【日陰菫】

**スミレ科
スミレ属**

日陰に咲くからヒカゲスミレ、これが名前の由来だろう。

タカオスミレの母種といわれ、葉は緑色だがまれに薄い暗紫褐色のものも見られる。

コミヤマスミレ
【小深山菫】

**スミレ科
スミレ属**

スミレ

4-6月

　ツボスミレをのぞくほとんどのスミレが姿を消してしまう4月末頃、6号路の斜面などに独特の形をした葉のコミヤマスミレが咲いている。
　複数の葉の真ん中から花茎が立ち上がり、その先端に小さい花がつく。

スミレ
【菫】

**スミレ科
スミレ属**

スミレ

4-5月

　名前の由来は、大工道具の「墨入れ」がなまったものといわれている。花言葉は「小さな愛」「誠実」。
　以前は国道20号線の歩道脇、コンクリートの隙間に多く見られたが、高尾山では数が少なくなったようだ。

夏の花

川辺の岩陰を好むイワタバコ、日陰に咲くレンゲショウマ。暑さをしのぎたいのは、人間も花も同じようだ。

夏

7–8月

レンゲショウマ
【蓮華升麻】

キンポウゲ科
レンゲショウマ属

自生のものは陣馬山方面に多いが、薬王院と植物園（サル園）では植栽で見られる。名前の由来は、花が蓮に、葉がサラシナショウマ（→P129）に似ていることから。

イチヤクソウ
【一薬草】

イチヤクソウ科
イチヤクソウ属

夏

6–7月

　ウメガサソウ(→P197)と同じような林の下などで見られるが、開花時期は少し遅れる。直立した茎の上にいくつかの花をつけ、雌しべの先端が曲がっているのが特徴。

　梅雨時に咲くから、花は下向きに咲くのだろうか。

夏

6-7月

タカトウダイ
【高燈台】

トウダイグサ科
トウダイグサ属

　春に咲くナツトウダイ（→P59）と、夏に咲くタカトウダイ。高さは50〜90センチほどで、ナツトウダイよりも背が高いことからこの名前になったといわれている。

チダケサシ
【乳茸刺】

**ユキノシタ科
チダケサシ属**

夏

6-8月

チチタケという食用きのこを、この草の茎に刺して運んだことが名前の由来。花は下から上に順序よく咲いていくが、先に咲いた花から色があせていく。

夏

6-7月

ギンレイカ
【銀鈴花】
別名：ミヤマタゴボウ

**サクラソウ科
オカトラノオ属**

　花がまばらにつくので、あまり目立たない。花穂を見ると上の方はつぼみで、下の方は未熟ながらすでに実になっている。

夏

6-7月

オカトラノオ
【岡虎の尾】

**サクラソウ科
オカトラノオ属**

　花穂が虎の尾に似ていることから、この名前がついたといわれる。
　群生することが多いので、見つけやすい花。

ホタルブクロ
【蛍袋】

キキョウ科
ホタルブクロ属

夏

6-7月

→ そり返りなし

← 萼片のそり返り

　高尾林道や大平林道など、林道の脇に多く見られる。花の色は変化が多く、淡紅紫色から白いものまでいろいろある。よく似たヤマホタルブクロ【山蛍袋】は萼片のそり返りのないのが特徴だが、まれに区別しにくいものもある。

夏

6–8月

ウツボグサ
【靫草】
別名:カコソウ【夏枯草】

**シソ科
ウツボグサ属**

　花はランダムに咲きながら、花穂は上に伸びていく。花の時期が終わり、黒くなった花穂は「夏枯草」という漢方薬の原料に用いられ、利尿・消炎効果があるといわれる。

夏

6–7月

ミヤマナミキ
【深山浪来】

**シソ科
タツナミソウ属**

　6月末頃から咲き始めるが、あまり大きくないので見つけにくい。6号路のコース脇で注意すれば見つかるが、この時期は道がぬかるんでいるので、泥をかぶり汚れていることが多い。

ナンバンハコベ
【南蛮繁縷】

ナデシコ科
ナンバンハコベ属

夏

7-9月

熟した黒い実

　小下沢では林道脇に生えているため、他の雑草と一緒に刈られてしまうこともあり出合うことが難しい。花期が長く、花と実が同時に見られることもある。花の中央にある子房は、花が終わる前から大きく膨らむ。

夏
7-9月

ヌスビトハギ
【盗人萩】

マメ科
ヌスビトハギ属

実

名前の由来は、実の形が盗人の足跡に似ているからという説がある。葉柄が茎の中心付近に集中しているものはヤブハギと呼ばれる。

フジカンゾウ
【藤甘草】

**マメ科
ヌスビトハギ属**

夏

8–9月

実

　ヌスビトハギが三つ葉に対し、フジカンゾウの葉は奇数羽状複葉である。花が藤に、葉が甘草に似ていることからこの名前になったという。

バラ科キンミズヒキ属

キンミズヒキ
【金水引】

夏 7-10月

キク科オグルマ属

カセンソウ
【歌仙草】

夏 7-9月

　名前の由来は、花穂がタデ科のミズヒキ【水引】に似ていることから。ほとんどのコースで必ず目につくほど多く咲いており、実は刺状の萼に包まれているので服などにつく。

　スズサイコ（→P118）が咲く頃、同じように草むらの中から顔をのぞかせる。この時期は他に派手な花が少ないので、黄色の花がよく目立つ。

カタバミ科カタバミ属

カタバミ
【片喰】

キク科コウゾリナ属

コウゾリナ
【髪剃菜】

夏 5-9月

夏 5-9月

　よく見ると可愛らしい花だが、花期が長くあちこちに咲いているので、逆にあまり目にとまりにくい。
　花言葉は「輝く心」。

　日影沢林道の城山近く、明るく開けた場所などで見られる。名前の由来は、茎や葉に毛があることから。花期が長く、触るとザラザラする花。

夏

7-8月

ウバユリ
【姥百合】

**ユリ科
ウバユリ属**

　6号路や日影沢などでよく見られる。
　名前は、花が咲く頃は根元の葉が枯れていることから、葉（歯）がない老婆（姥）に例えてつけられたそうだ。

夏

7-8月

コオニユリ
【小鬼百合】

**ユリ科
ユリ属**

　オニユリ【鬼百合】よりも全体的に小さく数も少ないので、コオニユリという名前がついた。
　オニユリは葉腋にむかごができるが、コオニユリにはない。

ヤマユリ
【山百合】

ユリ科　ユリ属

夏

7-8月

　花が大きいので、遠くからでもよく目立つ。頭(花)が重いため茎が折れてしまうこともあるが、ハイカーが倒れかかった茎に添え木をしたり紐で固定するなど、優しい気遣いを見られることもある。

夏 6-9月

ミヤマタニワタシ
【深山谷渡】

マメ科 ソラマメ属

　茎がジグザグに伸び、葉にはわずかに鋸歯があり波打っている。よく似たナンテンハギは花柄が長い。花で区別するのは難しいので葉や茎、苞などをよく観察するのも面白い。

夏 6-10月

ナンテンハギ
【南天萩】
別名：フタバハギ

マメ科 ソラマメ属

　小葉がナンテンに、花がハギに似ていることが名前の由来。
　日当たりの良い場所に咲いていることが多い。

イワタバコ
【岩煙草】

イワタバコ科
イワタバコ属

夏

7–8月

蛇滝や琵琶滝付近、小下沢など、日陰の湿った岩壁に群生する。夏の暑い盛りに咲くが、沢のせせらぎが聞こえるような日陰に多いので、涼しげな雰囲気だ。

夏

6-11月

ガンクビソウ
【雁首草】

キク科
ガンクビソウ属

筒状の花が煙管(きせる)の雁首に似ていることから、この名前になった。場所によって咲く時期がずれるので、晩秋まで見ることができる。

シギンカラマツ
【紫銀唐松】

**キンポウゲ科
カラマツソウ属**

夏

7-9月

　丸いつぼみと紫色の実、白い花が清楚な印象。花がシキンカラマツ【紫錦唐松】に似ていて白いことから、「銀」の名がついた。
　花の直径は1センチほどしかないので、注意深く探そう。

夏

7-9月

ツリフネソウ
【釣舟草/吊舟草】

ツリフネソウ科
ツリフネソウ属

　高尾から陣馬山までの尾根筋では、多くのツリフネソウが見られる。一番多いのは紅紫色の花で、次に多い黄色の花は日影沢などに咲いている。
　いずれも湿った場所を好む一年草。

トモエソウ
【巴草】

**オトギリソウ科
オトギリソウ属**

夏

7－9月

　日当たりの良い場所を好み、高さ1メートル以上になるものもある。一日花なので、タイミングを逃すと新鮮な花を見るのは一年待ちになってしまう。

オトギリソウ
【弟切草】

**オトギリソウ科
オトギリソウ属**

夏

7－9月

　昔、鷹匠の兄弟の兄がこの草を使って鷹の傷を治していた。その秘密を勝手に人に伝えた弟が、怒った兄に斬り殺されてしまったことからこの名前になったそう。

夏
7-8月

オオバギボウシ
【大葉擬宝珠】

ユリ科
ギボウシ属

たいていのコースに咲いており、花が大きく目立つので見つけやすい。花の色はたまに淡青のものもあるが、白が多い。花は下の方から順に咲いていく。

オオバジャノヒゲ
【大葉蛇の髭】

ユリ科
ジャノヒゲ属

夏

7–8月

シロバナオオバジャノヒゲ

　一丁平付近でよく目にする。純白の花はシロバナオオバジャノヒゲと呼ばれ、高尾で最初に見つかった花のひとつとされている。

　ジャノヒゲ【蛇の髭】より葉が大きいことが名前の由来になっている。

夏
7–8月

フシグロセンノウ
【節黒仙翁】

ナデシコ科
センノウ属

　林の中などで見られ、朱赤色の鮮やかな花なので遠くからでも目につく。高尾林道では山の斜面に咲いているが、以前は種子が転がり落ちたのか反対側の道路脇でも見ることができた。

ツリガネニンジン
【釣鐘人参】

キキョウ科　ツリガネニンジン属

夏

8–9月

暑い夏が過ぎ、日陰にわずかに初秋の息吹が漂う頃、大きく背伸びして草むらに顔を出す。1メートル以上の高さになるものもあり、釣鐘状の花を茎の四方に咲かせる。

夏

8-9月

ソバナ
【岨菜】

キキョウ科
ツリガネニンジン属

　陣馬山方面などによく咲いている。茎枝は細く、花も同じ科のツリガネニンジン（→P107）やフクシマシャジン【福島沙参】のように丸くはなく、スリムな姿。

　葉がソバの形に似ていることから「蕎麦菜」とも。

オオキツネノカミソリ
【大狐の剃刀】

**ヒガンバナ科
ヒガンバナ属**

夏

7―8月

　木陰で見かけることが多いが、数は少ない。キツネノカミソリとの違いは、蕊が大きく突き出ていること。
　花は大きく、葉は春に茂るため花の時期には見ることができない。

キツネノカミソリ
【狐の剃刀】

**ヒガンバナ科
ヒガンバナ属**

夏

7―8月

　オオキツネノカミソリと同じく花の時期に葉は見られず、ただ花のみが立ち上がっている。葉が茂る頃はまだ他の樹木は十分に茂っていないので、木漏れ日でも光合成ができ、栄養を蓄えることができる。

夏

8-9月

ヒキヨモギ
【引蓬】

**ゴマノハグサ科
ヒキヨモギ属**

葉がヨモギ【蓬】に似ていて茎を折ると糸を引く、これが名前の由来になっている。黄色い可愛らしい花だが、形はまるで猛禽類のくちばしのようだ。

夏

8-9月

クルマバナ
【車花】

**シソ科
トウバナ属**

陣馬山や景信山などでよく見かける。花が葉の付け根に輪生状に咲くことから、この名前になった。

ユリ科ホトトギス属
ヤマホトトギス
【山杜鵑】

ツユクサ科ヤブミョウガ属
ヤブミョウガ
【藪茗荷】

夏 8−9月

夏 8−9月

　夏真っ盛りの頃コース脇に目立つのは、変わった形の斑点模様がつく花。この模様がホトトギスの胸にある斑点に似ていることが、名前の由来になっている。

　1号路や6号路で多く見かける。葉がミョウガ【茗荷】に似ていることが、名前の由来。
　藍色に熟した実も見ごたえがある。

夏

7-9月

タニタデ
【谷蓼】

**アカバナ科
ミズタマソウ属**

　茎は細く全体が弱々しい。ミズタマソウやウシタキソウよりも花柄が長く、葉は波打っている。

ミズタマソウ
【水玉草】

夏

8-9月

ウシタキソウ
【牛滝草】

　白く毛が生えた実は、その名の通り水玉のよう。写真のような雨後の姿は、まさに本物の水玉。

　一丁平の一番上、東屋の近くでよく見られる。3種の中では一番毛深く、葉の基部がハートの形をしているのが特徴。

オトコエシ
【男郎花】

**オミナエシ科
オミナエシ属**

夏
8-10月

弱々しいオミナエシと違い、がっしりした太い茎であることからこの名前がついた。

1メートル前後の背丈は、草むらの中でもよく目立つ。

オミナエシ
【女郎花】

**オミナエシ科
オミナエシ属**

夏
8-10月

日当たりの良い場所で見られるが、オトコエシよりも数は少ない。

秋の七草のひとつで、自生のものは少ないが裏高尾方面では民家の庭で多く見かける。

夏

8-10月

カノツメソウ
【鹿の爪草】
別名:ダケゼリ【岳芹】

セリ科
カノツメソウ属

　紅葉台南側のコースなどでは、やせ細りながらも懸命に咲いている姿が目に入る。名前の由来は、根の形が鹿の爪を連想させるからといわれている。

オオヤマハコベ
【大山繁縷】

**ナデシコ科
ハコベ属**

夏 8–10月

目立たない小さな花だが、6号路や日影沢などではゆっくり歩いて探せば簡単に見つかる。

葉はチヂミザサ【縮笹】のように波打ち、茎は細かい毛に覆われている。

マツカゼソウ
【松風草】

**ミカン科
マツカゼソウ属**

夏 8–10月

微風でも優しく揺れる、可愛らしい花。日陰の湿った場所で見かけることが多い。

この花をはじめ、ミカン科のものは一般的に香りが強い。

夏

8—10月

ヤブラン
【藪蘭】

ユリ科
ヤブラン属

　常緑で林下などの日陰によく咲いているが、日当たりの良い場所でも見かける。藪の中に生えて葉がランの葉に似ていることから、この名前になった。

キク科シオン属

シラヤマギク
【白山菊】

バラ科ダイコンソウ属

ダイコンソウ
【大根草】

夏

8ー10月

夏

7ー9月

　花は菊によく似ているが、葉はあまり似ていない。下の方の葉は鋸葉があり、ハート形をしている。春に咲くヨメナ【嫁菜】に対し、ムコナ【婿菜】とも呼ばれている。

　ダイコン【大根】とは関係のないバラ科の花だが、根元の葉がダイコンに似ていることからこの名前がついた。

夏

7–8月

スズサイコ
【鈴柴胡】

ガガイモ科
カモメヅル属

果実

　細い茎に重そうな花がつくので、横から見ると垂れ下がっている。花は夜には開いているが、天気の良い日中は固く閉じて開かない。開いた花を見るには、雨の日が最適。

イケマ
【牛皮消/生馬】

ガガイモ科
カモメヅル属

夏

7-8月

コイケマ
【小生馬】

　いずれも同時期に咲く。イケマの花はきれいに開いているのに対して、コイケマは閉鎖花ではないが開きが小さいので、晴れた日でも閉じているように見える。

夏

8月

ガガイモ
【蘿摩/鏡芋】

ガガイモ科
ガガイモ属

　日当たりの良い場所に生える多年草で、蔓や葉を切ると白い液が出る。葉はヘクソカズラ【屁糞葛】に似ており、花は毛深く白いものもある。

オオカモメヅル
【大鴎蔓】

**ガガイモ科
オオカモメヅル属**

夏

7-8月

　毎年同じ場所で見られる。花も葉も小さいが、名前は大きい。蔓をたどってみると大きい葉が隠されているので、名前に偽りはないようだ。

コバノカモメヅル
【小葉の鴎蔓】

**ガガイモ科
カモメヅル属**

夏

7-8月

　一丁平など、日当たりの良い場所で見かける。名前の由来ははっきりしていないが、対生する葉が左右に広がった姿は、鴎が飛んでいる姿をイメージできる。

夏

7-8月

キジョラン
【鬼女蘭】

ガガイモ科
キジョラン属

　キキョウ【桔梗】やセンブリ（→P160）、キッコウハグマ（→P161）など晩秋の花が姿を消す頃、早い場所では11月末からキジョランの実が裂開して種毛が見られるようになる。「鬼女」の髪に見立てた種毛は、2月頃まで見られることもある。

ウマノスズクサ
【馬の鈴草】

**ウマノスズクサ科
ウマノスズクサ属**

夏

7-8月

　雌花としての機能が終わるまで、大空を向いて咲いている。花の中は内向きにたくさんの毛が生えており、いったん入った虫を逃さない構造になっている。ただし、ミミガタテンナンショウ（→P43）のように虫を閉じ込めることはないようだ。

ボタンヅル
【牡丹蔓】

夏 / 8−9月

**キンポウゲ科
センニンソウ属**

　場所によっては、低木を覆うように日当たりの良い場所に咲いている。名前の由来は、葉が牡丹に似ていることから。巻きヒゲを持たず、樹木の小枝などに触れたところだけ葉柄を巻きつけて全体を保持している。

センニンソウ
【仙人草】

夏 / 8−9月

**キンポウゲ科
センニンソウ属**

　花も葉柄を巻きつけることも、ボタンヅルによく似ている。両者の違いは葉を見れば分かる。センニンソウは、切れ込みがなく牡丹の葉には似ていない。

サネカズラ
【実葛】
別名:ビナンカズラ【美男葛】

モクレン科
サネカズラ属

夏
7-8月

雄花

　花の中心が赤いものは雄花で青いものが雌花だが、実になる雌花は少ない。雌雄異株もあれば、雌雄同株もある。
　常緑なので、葉に隠れて花も実も見えないことがある。実は赤く熟し、秋から冬にかけて見ることができる。

夏

8－9月

バアソブ
【婆ソブ】

**キキョウ科
ツルニンジン属**

　花の中にある斑点が老婆のそばかすに似ていることが、名前の由来になっている。景信山から陣馬山方面にかけて多く見られ、花期はツルニンジンよりもかなり早い。

夏

8－9月

ツルニンジン
【蔓人参】
別名：ジイソブ【爺ソブ】

**キキョウ科
ツルニンジン属**

　人の目線より低い場所もあれば、高い場所に咲くものもある。環境の変化によって植生が変わるようで、以前は一丁平で多く見られたが最近はあまり見かけなくなってしまった。

トキリマメ
【吐切豆】
別名:オオバタンキリマメ

**マメ科
タンキリマメ属**

夏

8-9月

　半日陰の林の縁などで、低木に絡んでいる姿を見かける。葉はクズ【葛】の葉に似て毛が多い。莢は、はじめの頃は葉と同じ緑色だが、徐々に赤くなる。

ノササゲ
【野豇豆/野大角豆】
別名:キツネササゲ

**マメ科
ノササゲ属**

夏

8-9月

　花はトキリマメに似て葉も同じ三つ葉だが、手触りは滑らか。近くにある草木などに絡んで這い上がるが、花後の実も違った趣がある。

秋の花

夏の日差しの中で蓄えられたエネルギーを注ぎ込まれる、秋の花。
センブリやリンドウが、高尾山の秋を彩る。

秋
9-11月

ノダケ
【野竹】

セリ科
シシウド属

景信山など見晴らしの良い場所で見られるノダケは、背丈が1メートルを超えるものが多い。
上部の袋状の葉柄は、かなり目立つ。

サラシナショウマ
【晒菜升麻】

**キンポウゲ科
サラシナショウマ属**

秋

10月

　斜面などに咲くことが多いからか、斜めに咲いている場合が多い。

　水にさらして食用にしたことから、この名前になった。

イヌショウマ
【犬升麻】

**キンポウゲ科
サラシナショウマ属**

秋

9-10月

　サラシナショウマとは違い食べられないので、利用価値のない「イヌ」の名前がついた。

　サラシナショウマよりも花期は1ヵ月ほど早い。

コシオガマ
【小塩竃】

秋 / 9-10月

ゴマノハグサ科
コシオガマ属

　蛾のヒメクロホウジャク【姫黒峰雀】が、大きく口を開けた花で吸蜜していた。茎は細い腺毛に覆われ粘り気があるので、アリのような小さい虫は這い上がることが難しい。
　この時期の花は上の方から開花するものが多いが、この花は下から順に咲いていく。

レモンエゴマ
【檸檬荏胡麻】

**シソ科
シソ属**

秋

9－10月

　日影沢林道を歩いていると見つけることができる。茎が赤みを帯びているものが多く、葉を揉んでみるとレモンの香りがする。

エゴマ
【荏胡麻】

**シソ科
シソ属**

秋

9－10月

　種子から油（荏の油）を採るため栽培されていたものが、野生化したらしい。その油は食用や、かつては唐傘（番傘）の塗料に使用されていたという。

イヌコウジュ
【犬香需】

秋 9-10月

**シソ科
イヌコウジュ属**

　高尾林道などでよく見られる。茎は四角形で、全体に細かい毛がある。ペアの花は下から順に開花していくが、同時開花ではなく少しずれて咲いていく。

セキヤノアキチョウジ
【関屋の秋丁子】

秋 8-10月

**シソ科
ヤマハッカ属**

　6号路の途中、清滝駅の左側を過ぎた道沿いに毎年咲いている。葉は長楕円形で少し尖り、花は青紫色の筒状で先が裂けている。

ヒキオコシ
【引起】
別名：エンメイソウ【延命草】

シソ科
ヤマハッカ属

秋

9-10月

景信山から陣馬山方面へ向かうと所々に群生しており、高さ2メートル以上になるものもある。12~1月頃、茎にシモバシラができる。名前の由来は、健胃薬として「起死回生」の効あり、との伝説からとか。

秋

8―9月

ジャコウソウ
【麝香草】

シソ科
ジャコウソウ属

6号路で見られるが、咲かない年もある。景信山から小下沢までのコースでは、よく見かける。群生している場所もあるが、四角形の細い茎は花の重さなどに耐えられないのか直立する姿はほとんどなく、他の草木に寄りかかっていることが多い。

ミゾソバ
【溝蕎麦】
別名:ウシノヒタイ【牛の額】

タデ科
タデ属

秋
7―10月

　夏の暑い盛りから秋にかけて、沢沿いや湿った場所に群生している。茎や葉に小さな刺があり、触るとザラザラしている。
　一つひとつの花は小さく開いてもつぼみとの区別がはっきりしないが、先端を彩るピンク色が美しい。

秋 7–9月

秋 9–10月

シソ科アキギリ属
アキノタムラソウ
【秋の田村草】

シソ科ヤマハッカ属
ヤマハッカ
【山薄荷】

　小さい花を見比べればその違いが分かるが、両者の違いがはっきりするのは花期。アキノタムラソウの最盛期は夏の盛り。一方のヤマハッカは、アキノタムラソウが終わりを迎える時期が最盛期になる。

タデ科タデ属
ハナタデ
【花蓼】

タデ科タデ属
ナガボハナタデ
【長穂花蓼】

秋 8-11月

秋 8-11月

よく似た花だが、ハナタデの花穂は短く花が密についている。一方のナガボハナタデは、名前の通り長く伸びた花穂にまばらに花がつく。両者は区別されないこともある。

秋 7–10月

イヌタデ
【犬蓼】

タデ科
タデ属

　群生しているのでよく目立つ。赤い花穂に見えるのは萼で、たまに白いものもある。この花を赤飯に見立てて子どもたちがままごとをしたことから、アカマンマとも呼ばれている。

秋 9–10月

ボントクタデ
【凡篤蓼】

タデ科
タデ属

　高尾林道の日が当たる道端で、長い花穂を垂らしている。葉に黒い斑点がある。タデ【蓼】とは違い薬味としての価値がないことから、「愚鈍」の意味でボントクの名前がついた。

オオヒナノウスツボ
【大雛の臼壺】

ゴマノハグサ科
ゴマノハグサ属

秋

8－9月

5月に咲くサツキヒナノウスツボ（→P61）に比べると花数は多いが、ランダムに少しずつ咲いていく。多年草だが、なぜか毎年同じ場所に咲いてくれないことが多く、他との競争に弱いようだ。

秋
9–10月

カラスノゴマ
【烏の胡麻】

シナノキ科
カラスノゴマ属

高さは80センチほどで、全体が毛で覆われている。花後には多くの実が見られ、弾けた莢の中には胡麻のような小さい種子が入っている。

シュロソウ
【棕櫚草】

**ユリ科
シュロソウ属**

秋
9-10月

陣馬山方面のコース脇の所々で見られる。写真の花穂は全体に花がついているが、中にはまばらに咲くものもある。

キバナアキギリ
【黄花秋桐】

秋　8-10月

シソ科
アキギリ属

　まだ残暑の厳しい初秋頃、ほとんどのコースに多く咲いている。多くの蜂がこの花の蜜を求めて飛び交うが、花の形が蜂の背中に花粉を押しつける仕組みになっている。

クサボタン
【草牡丹】

秋　9-10月

キンポウゲ科
センニンソウ属

　花弁のように見えるのは萼で、そり返っているのがこの花の特徴。
　花後に熟した実は、種毛に伴われて風と共に去りゆく。

シモバシラ
【霜柱】

シソ科
シモバシラ属

秋

8-10月

　白い花が多いが、薄紅色のものもある。多年草で春から秋まで光合成を行なっているので、真冬になっても水を吸い上げる力が残っているようだ。

　早い年は11月末頃から、条件が良ければ3月中旬まで、下の写真のような自然が織りなす氷の芸術を見ることができる。

秋

8-10月

タムラソウ
【田村草】

**キク科
タムラソウ属**

　陣馬山などで見かけることができる。花はアザミ【薊】によく似ているが、茎や葉には刺がない。

秋

9-10月

ハバヤマボクチ
【葉場山火口】

**キク科
ヤマボクチ属**

　2メートルほどの高さがあり、つぼみから開花までの期間が長い。昔、火打ち石から火を移し取る際に、この花の密生した綿毛を利用したことが、名前の由来になっている。

ベニバナボロギク
【紅花襤褸菊】

キク科
ベニバナボロギク属

秋

8–10月

　高さは50センチほどで、筒状の頭花はうなだれている。頭花の紅と種子の綿毛の白さが、この花の特徴。名前の由来は、種子の綿毛をボロ布に見立てたからとか、ダンドボロギク【段戸襤褸菊】に似ているからなどといわれているが、はっきりとはしていない。

秋

7-11月

イヌホオズキ
【犬酸漿】

ナス科
ナス属

道端などでよく見かける。実が黒く熟す頃になってもまだ花が咲いており、花も実も晩秋を飾ってくれる。

エノキグサ
【榎草】

別名：アミガサソウ【編笠草】

トウダイグサ科 エノキグサ属

秋 8–10月

　日影沢のコース脇などで見つけることができる。総苞に包まれているのは実だが、まれに雄花の花穂の先端にも実がついているのを見かける。葉がエノキの葉に似ていることから、この名前になった。

秋 8-10月

キク科ヤブレガサ属

ヤブレガサ
【破れ傘】

キク科コウモリソウ属

モミジガサ
【紅葉傘】

秋 8-10月

　どちらも日陰を好み、林の中などに多い。両者の違いは葉を見れば分かる。ヤブレガサの葉は中心に葉柄があり、全方向に葉が破れている。モミジガサは、葉がモミジ【紅葉】に似ている。

キク科コウヤボウキ属　　　キク科モミジハグマ属

カシワバハグマ　オクモミジハグマ
【柏葉白熊】　　　　　　【奥紅葉白熊】

秋 9–11月

秋 9–10月

　カシワバハグマは稲荷山コース、オクモミジハグマは一丁平付近で多く見られるが、両者とも点在して咲いている。

　カシワバハグマの葉はよく虫に食され大きく穴が空いているものが多く、無傷の葉は少ない。茎にシモバシラ(→P143)ができる。

秋 9–10月

ウスゲタマブキ
【薄毛珠蕗】

**キク科
コウモリソウ属**

　6号路や日影沢などで見られるが、あまり数は多くない。名前の通り葉などに薄い毛があり、葉腋にむかごができるのが特徴。

秋 9–10月

オケラ
【朮】

**キク科
オケラ属**

　万葉集では「ウケラ」として登場しており、それがなまってオケラになったとされている。

　オケラの根茎を乾燥させたものは「白朮（びゃくじゅつ）」という漢方薬になり、整腸などに効能があるそう。

キク科トウヒレン属 キク科トウヒレン属

セイタカトウヒレン　タカオヒゴタイ
【背高唐飛廉】　　　　【高尾平江帯】

秋 9–10月

秋 9–10月

　セイタカトウヒレンの茎には翼があり、タカオヒゴタイの葉はバイオリンの形に似ているので、同科同属でも間違えにくい。両者の交雑種に、オンガタヒゴタイがある。

ノハラアザミ
【野原薊】

キク科
アザミ属

　一丁平のホオノキ（→P195）が咲いている付近では、かなり変わったノハラアザミがある。中には花の首あたりに多くの葉が輪生して、クルマアザミ【車薊】に似たものも見られる。

　遅くまで残った大きな株では同じ株から茎が多く出て、葉の形がそれぞれの茎でまったく違う様相を見せることもある。

アズマヤマアザミ
【東山薊】

**キク科
アザミ属**

秋

9-11月

　ひと口にアザミの仲間といっても個性はそれぞれだが、アズマヤマアザミは花がまとまってついている場合が多い。

　トネアザミとほぼ同時期に咲く。

トネアザミ
【利根薊】
別名：タイアザミ【泰薊】

**キク科
アザミ属**

秋

9-11月

　特徴は、総苞片が長くそり返っていること。

　関東地方に多く自生していることから、この名前がついた。

秋

9-11月

秋

8-10月

セリ科シシウド属

シラネセンキュウ
【白根川芎】

セリ科ヤマゼリ属

ヤマゼリ
【山芹】

　どちらも6号路や日影沢、小下沢などの沢沿いに咲いている。全体的にシラネセンキュウはたくましい印象だが、ヤマゼリは弱々しい雰囲気を漂わせている。

　花はともに小さい花の集合花で、花数が多いのは多くの種子を残すためだろう。

キチジョウソウ
【吉祥草】

ユリ科
キチジョウソウ属

秋

9-10月

この花が咲くと吉事があるといわれており、縁起の良い花とされている。紅紫色の直立する花穂は、下から順に咲いていく。

秋

9-10月

メナモミ
【雌菜揉】

**キク科
メナモミ属**

　高尾林道や日影沢などで多く見られる。全体的に毛が多く、花の腺毛の先端は粘着性があるので、小さい虫たちにはあまり歓迎されていない。

秋

9-10月

コメナモミ
【小雌菜揉】

**キク科
メナモミ属**

　メナモミと同じような場所に咲いている。ツノ状の総苞が5本で、粘着性があるため衣服などにつく。違いは毛が少なく茎などが細いこと。

アメリカセンダングサ
【亜米利加栴檀草】
別名:セイタカタウコギ

キク科 センダングサ属

秋 9-10月

　高尾林道の日当たりの良い場所で、所々に見られる。タウコギ【田五加木】によく似ているが、背丈が大きいことからセイタカタウコギとも呼ばれる。

　花後の種子は先端が2つに割れて鋭く尖り、衣服や動物につきやすい。

秋 10–11月

リュウノウギク
【竜脳菊】

**キク科
キク属**

日の当たる場所に多く、たまに花数が多いものや、花の大きさがまちまちの場合もある。

葉の形が菊によく似ている。

秋 9–11月

アキノキリンソウ
【秋の麒麟草】

**キク科
アキノキリンソウ属**

コース脇に多く咲いているので、見つけやすい。

名前に季節が入っていても時期が異なる花は多いが、アキノキリンソウはその名の通り秋に咲く。

ヤクシソウ
【薬師草】

キク科　オニタビラコ属

秋　9–11月

　名前の由来は、葉の形が薬師如来の光背に似ているから、薬用にされたからなど諸説ある。葉の部分に羽状に切れ込みが入っているものを、ハナヤクシソウと呼ぶ。

秋

10
|
11月

センブリ
【千振】

リンドウ科
センブリ属

ムラサキセンブリ

　苦みの強い花で、千回煎じても苦みが取れないことから「千振」と呼ばれるようになった。ゲンノショウコ【現の証拠】やドクダミと同じくらい薬草として有名で、胃腸を整える効能があるそう。

キッコウハグマ
【亀甲白熊】

キク科
モミジハグマ属

秋
10-11月

　勢いよく多く開花する年もあれば、ほとんどが閉鎖花のまま結実して終わる年もある。花は1センチ程度と小さく目立たないが、ひとつの蕊で5つの花片が3つ合体しているのは、大きく見せる工夫なのかもしれない。

秋

10
―
11
月

リンドウ
【竜胆】

リンドウ科
リンドウ属

　晩秋になり花数が少なくなる頃、その年の最後を飾ってくれるのがリンドウである。雨水から蕊を守るため、開閉できる花弁は、花後は閉じて種子の成熟を見守る。

マルバノホロシ
【丸葉のホロシ】

ナス科
ナス属

秋

8–10月

　花期が長いので、10月頃には花と実が同時に見られる。実は青く、存在感がない。
　そり返った花も小さくあまり目立たないが、赤く熟した実はその存在感を発揮する。

ヒヨドリジョウゴ
【鵯上戸】

ナス科
ナス属

秋

8–10月

　全体的に毛が多く、マルバノホロシとは葉と花で区別できる。ヒヨドリがよく食べるので、ヒヨドリジョウゴという名前になった。

秋

8–10月

ツルリンドウ
【蔓竜胆】

リンドウ科
ツルリンドウ属

花は初秋に、実は晩秋から冬にかけて所々で見かけることができる。木陰に生える蔓性の多年草で、花後は総苞が実をしっかりと包み込み、大きくなるまで保護しているように見える。

ツルギキョウ
【蔓桔梗】

キキョウ科
ツルギキョウ属

秋

9-10月

あまり多くは見られず、近くに樹木などがなければ這い上がれない。蔓は左巻きで、低木にからんだ花は節ごとに数個連なる場合も多い。

ラン

シュンランやヒメフタバランなど早春に開花するもの、梅雨時に開花するムヨウランなど、高尾山のランは種類が豊富。

ムヨウラン
【無葉蘭】

ラン 6月

ラン科 ムヨウラン属

3号路で見つけることができる、林の中などに生える多年草。名前が示す通り葉がなくても生きられる、腐生植物のひとつ。

シュンラン
【春蘭】

ラン科
シュンラン属

ラン

3－4月

ホクロ、ジジババなどの別名を持つシュンラン。花期が長く、地中にしっかり根を張り、年中葉が青々としている。
自生ランの代表的存在。

ラン
8月

アオフタバラン
【青双葉蘭】

**ラン科
フタバラン属**

　夏真っ盛りに咲く花。全体に毛が多く、形はしゃもじを思わせる。
　2枚の葉は茎の基部についている。

ラン
4-5月

ヒメフタバラン
【姫双葉蘭】

**ラン科
フタバラン属**

　花期は、シュンラン(→P167)よりも少し遅い。ヒメの名前にふさわしく、小さく可愛い姿をしている。茎の先端部が太いのが特徴。

カヤラン
【榧蘭】

ラン科
カヤラン属

ラン

4–5月

　樹木にぶら下がるように生育しているので、日影沢方面でたまに落下しているものを見かける。間近で見られる場所はあまりなく、高い場所に生えているのがほとんど。
　常緑の葉は、カヤの木の葉に似ている。

セッコク
【石斛】

ラン
5-6月

ラン科
セッコク属

　5月の末頃から開花が見られるが、6号路にある杉の枝の高い位置に着生しているので、見上げないとその姿が確認できない。麓近くの1号路にもあるが、こちらはさらに高い場所に着生している。

キバナノショウキラン
【黄花の鍾馗蘭】

ラン科
ショウキラン属

ラン

6―7月

以前は南高尾で多く見られたが、水害によりトモエソウ(→P103)やアケボノソウ【曙草】などとともに少なくなってしまった。現在は6号路や3号路、日影沢などで時々見かけることができる。腐生植物で葉緑素を持たないが、名前ほど黄色くはない。

ツチアケビ
【土木通】

ラン科
ツチアケビ属

ラン
6-7月

果実がアケビ（→P70）に似ていることから、この名前がついた。葉緑素を持たない腐生ランなので日陰で育ち、共生の相手はナラタケの菌糸らしい。花の付け根にあって花柄（かへい）のように見えるのは子房で、発達して果実になる。

スズムシソウ
【鈴虫草】

**ラン科
クモキリソウ属**

ラン

5-6月

　林の中の日陰で見られる。多年草なので毎年同じ場所で育つが、年々勢いが衰えているようだ。

エビネ
【海老根】

**ラン科
エビネ属**

ラン

4-5月

　あまり日当たりの良くない林の下などで見かけるが、同じエリアの中で点在している場合でも、色の違いや開花時期のズレがある。

ラン科サイハイラン属　　　ラン科ネジバナ属

サイハイラン
【采配蘭】

ネジバナ
【捩花】別名：モジズリ

ラン
5〜6月

ラン
5〜10月

　戦の際に武将が振る「采配」に花穂が似ていることから、この名前がついた。単独や小群生などで見かける。葉は1枚で、冬まで生えている。

　花の色は紅く濃淡色々だが、まれに白いものもある。花がねじれ、らせん状に咲き上がっていくので、この名前になった。

キンラン
【金蘭】

ラン科
キンラン属

ラン

4-6月

黄色の鮮やかな花で、林の中などによく生えている。同じ仲間のギンランやササバギンラン（ともに→P176）に比べると一段と目立ち、高さは70センチくらいになるものもある。

ラン科キンラン属

ギンラン
【銀蘭】

ラン科キンラン属

ササバギンラン
【笹葉銀蘭】

5-6月

　ギンランは花が白いこと、ササバギンランは葉が笹の葉に似ていることが名前の由来になっている。ササバギンランの方が葉は大きいが、花はキンランのように大きく開かず最盛期でもつぼみのように見える。どちらも一丁平付近でたまに見かけるが、キンラン（→P175）ほど数は多くない。

ラン科クモキリソウ属

クモキリソウ
【雲切草】

ラン科ツレサギソウ属

ツレサギソウ
【連鷺草】

ラン 6〜7月

ラン 5〜6月

　梅雨時に咲く花だが、背丈は小さく色も目立たない。山頂近くの5号路などで見られるが、数は多くない。暗紫色の花はクログモと呼ばれ、淡緑色の花はアオグモと呼ばれる。

　草むらの中から、そっと白い花をのぞかせている。名前の由来はサギソウ【鷺草】に似た花を多くつけることから。花から突き出た3〜4センチもの長い距が特徴。一つひとつの花をじっくり見ると、長い尾っぽの可愛い顔をした昆虫のようだ。

ラン 6-7月

ラン科ツレサギソウ属

オオバノトンボソウ
【大葉の蜻蛉草】

ラン科トンボソウ属

トンボソウ
【蜻蛉草】

ラン 7-8月

　名前の通り葉が大きい。花の名前はトンボソウだが、ツレサギソウ属なので全体はツレサギソウ（→P177）に似ている。

　花期はオオバノトンボソウより1ヵ月ほど遅れて咲く。高さは20センチほどで、全体がかなり小さめ。

エゾスズラン
【蝦夷鈴蘭】

別名:アオスズラン【青鈴蘭】

**ラン科
カキラン属**

ラン

7-8月

　背丈は50センチほどで、下から上へ開花していく。下部の葉は大きいが花がつくのは上の方の小さい葉で、その基部にひとつずつ開花する。淡緑色の花が咲くので、アオスズラン【青鈴蘭】とも呼ばれている。多年草のため、毎年同じ場所で見られる。

ミヤマウズラ
【深山鶉】

ラン科
シュスラン属

ラン
8〜9月

葉の色や形が蔓植物のテイカカズラ【定家葛】によく似ているので、花茎が伸びてこないと違いが分かりにくい。名前の由来は、葉脈に沿う白い斑をウズラに例えたものらしい。
　下部の茎は地面を這ってから上部が立ち上がっている。

ベニシュスラン
【紅繻子蘭】

**ラン科
シュスラン属**

ラン

7-8月

　林の中や日陰で見られる。ベニシュスランの葉もミヤマウズラと同じようにテイカカズラの葉によく似ているので、紛らわしい。

マヤラン
【摩耶蘭】

**ラン科
シュンラン属**

ラン

7-10月

　この花は1年に二度咲き、二度とも開花する。センボンヤリ（→P63）も春と秋に咲くが、秋は閉鎖花のみ。
　神戸の摩耶山で最初に見つかったことから、この名前がついた。白い花をサガミランと呼ぶ。

サガミラン

樹木の花

小さいコウヤボウキから、大きいカツラまで。

春に咲く小低木のマルバウツギやガクウツギなど、目線を上げれば出合える樹木の花はたくさんある。

樹木
6月

オオバアサガラ
【大葉麻殻】

エゴノキ科
アサガラ属

　６月になると、日影バス停からすぐの橋近くの木に5~7メートルほどの白い花が垂れ下がっている。葉が大きく茎が麻殻のように折れやすいことから、この名前になった。

キブシ
【木五倍子】

**キブシ科
キブシ属**

樹木

3-4月

　葉が出る前に多くの花をつけるので、遠くからでも目立つ。
　雌雄別株で、雄花と雌花の区別は難しいが、雌木には実が生るので確認できる。

ウグイスカグラ
【鶯神楽】

**スイカズラ科
スイカズラ属**

樹木

4-5月

　細い花柄に垂れ下がる花で、落葉低木なので手元で花を見ることができる。
　6月になると赤い実をつける。

樹木

3月

フサザクラ
【房桜】

フサザクラ科
フサザクラ属

　蛇滝入口近くや小下沢などの沢沿いで見られる。駒木野バス停のサンシュユ【山茱萸】が最盛期の頃、沢沿いに咲き、見事な姿を見せてくれる。花は萼（中は花粉）だけの風媒花で、やがて萼は割れて中の花粉は風に散る運命にある。

カツラ
【桂】

**カツラ科
カツラ属**

樹木

3月

　3月になると、山一面には赤く染まったカツラが広がっている。雌雄別株で、雄花が特に美しく見える。葯のみの花はフサザクラの雄花に似ているが、違いはフサザクラが雌雄同株であること。

樹木

3-4月

オニシバリ
【鬼縛り】
別名:ナツボウズ【夏坊主】

ジンチョウゲ科
ジンチョウゲ属

名前の由来は、この樹皮で鬼をも縛れるほど丈夫だからといわれている。背丈は1メートルにも満たない落葉低木。別名のナツボウズは、夏に葉を落として坊主になるからだという。

ダンコウバイ
【檀香梅】

クスノキ科
クロモジ属

樹木

3-4月

花の前に葉が出ていれば、アブラチャン(→P188)との区別がしやすい。アブラチャンの花は咲き始めが小さく見えるが、やがて大きくなって区別が難しくなる。ダンコウバイは茎からいきなり花がつくが、アブラチャンは茎から花の基部まで5ミリ程度の花柄がつく。

樹木

3―4月

アブラチャン
【油瀝青】

クスノキ科
クロモジ属

早春に咲く樹木の花は、なぜか黄色が多い。サンシュユに続いて咲くのが、ダンコウバイ(→P187)とアブラチャンである。雌雄別株で雄株が多いので花後の実は多く見かけないが、所々に雌株があり、多くの実が生っている。

ヤマボウシ
【山帽子/山法師】

**ミズキ科
ミズキ属**

樹木

6-7月

　街路樹として各地で見かけるハナミズキ【花水木】によく似ている。高尾山ではあちこちで見かけるが、一丁平では近くでじっくりと見られる。花弁のように見えるのは総苞片。

ヤマブキ
【山吹】

**バラ科
ヤマブキ属**

樹木

4-5月

　春の真っ盛りに、至るところを黄金色に染めるヤマブキの花が見られる。
　落葉低木ながら茎は細く、風に揺られる姿に古くは「山振」の字を当てたことから、ヤマブキの名前になったといわれている。

ヤマブキの葉痕

樹木
5月

ツクバネウツギ
【衝羽根空木】

スイカズラ科
ツクバネウツギ属

オオツクバネウツギ

一丁平などで見られる。ペアで咲く花も可愛いが、つぼみはもっと可愛らしい。よく似たオオツクバネウツギ【大衝羽根空木】との大きな違いは、ツクバネウツギはすべての萼片が同じ大きさで、オオツクバネウツギは5枚の萼片で1枚だけが極端に小さいこと。

マルバウツギ
【丸葉空木】

ユキノシタ科　ウツギ属

樹木

5-6月

多くの場所で見られる花のひとつ。この時期は白いものが多いので、遠くからでは区別しにくい。名前の「丸葉」の通り、他の花に比べて葉が丸くなっている。

コゴメウツギ
【小米空木】

バラ科　コゴメウツギ属

樹木

5-6月

花がウツギ(→P193)に似ていて米粒のように細かいことから、この名前がついた。同時期に咲くマルバウツギやミツバウツギ(→P192)に比べると、極端に小さいのが特徴。

| 樹木 | # ミツバウツギ
【三葉空木】 | **ミツバウツギ科
ミツバウツギ属** |

4-5月

　日影沢林道などでよく見かける。名前の由来は、葉が3枚で茎が中空であることによるらしい。他のウツギのようにユキノシタ科ではなく花の咲き方や実の形が違う。ミツバウツギの実は、莢の中に納まっている。

| 樹木 | # ガクウツギ
【額空木】
別名：コンデリキ【紺照木】 | **ユキノシタ科
アジサイ属** |

5-6月

　紅葉台南側のコースや高尾林道などに群生している。葉が紺色になるため、別名をコンデリキと呼ぶ。白い花に見えるのは萼で、大きさはバラバラ。

ヒメウツギ
【姫空木】

**ユキノシタ科
ウツギ属**

樹木

5-6月

　林道などを歩いていると、所々に見られる白い花。ウツギより1ヵ月前後早く咲き、より小さいのでヒメウツギの名がついた。茎が細く弱々しいので、多くは垂れ下がって花が咲く。

ウツギ
【空木】
別名:ウノハナ【卯の花】

**ユキノシタ科
ウツギ属**

樹木

6-7月

　日当たりの良い場所で見られる落葉低木。茎や枝が中空になっているものを、一般的にウツギと呼ぶ。
　葉はザラザラとしており、天気の良い日にはよく蝶が訪れている。

樹木

5-6月

エゴノキ

**エゴノキ科
エゴノキ属**

高さは7〜8メートルほどで、見られる場所は多い。密につく花の重みで、枝も白い花も垂れ下がる。

樹木

5-6月

ノイバラ
【野薔薇】

**バラ科
バラ属**

高さ1〜2メートルほどの落葉低木で、多くの場所で見られる。花数が多く、ほのかに香りが漂う。枝には鋭い刺があるので注意が必要。

ホオノキ
【朴の木】

モクレン科 モクレン属

樹木

5-6月

　花が大きいので、高木でも遠くから目立つ。強い香りを放つので、花の多い時期には近くを通ると香りが漂ってくる。1日目が雌花、2日目以降は雄花になり、花は3日程度で終わってしまう。
　一丁平では、花が手の届く位置にあるので写真が撮りやすい。

樹木

5-6月

オニグルミ
【鬼胡桃】

クルミ科
クルミ属

雌花

川沿いに多く見られる落葉高木。雌雄同株で風媒花なため、雄花の方が圧倒的に多い。雌花は少ないが、赤い立ち姿が美しい。

ウメガサソウ
【梅笠草】

イチヤクソウ科 ウメガサソウ属

樹木

6-7月

　常緑の小低木で、同科のイチヤクソウ（→P85）と同じく林の中などで見かける。北高尾などではウメガサソウの方が2週間ほど先に咲く。花の形が梅に似ていて、下向きに咲く姿が笠のように見えることが名前の由来。

ウリノキ
【瓜の木】

樹木

5–6月

ウリノキ科
ウリノキ属

　４メートルほどの高さなので、葉の下に咲いた花がすぐ近くで見ることができる。名前の通り、葉が瓜の葉に似ていて大きい。花後の実は黒く熟すが、中には葉の上に突き出るものも多い。

ヤブデマリ
【藪手鞠】

スイカズラ科
ガマズミ属

樹木

5-6月

あまり数は多くないが、6号路などで見られる。多数の枝をほぼ全方向に広げ、その上に花を咲かせるのでよく目立つ。果実は夏頃に赤くなり、熟すと黒く変色する。

樹木
5-6月

ハナイカダ
【花筏】

ミズキ科
ハナイカダ属

葉の真ん中に花が咲き、その後実が生る。低木のため、場所によっては葉が目線の位置にあるので目につきやすい。集合する雄花は弱々しく、触るとポロリと落ちるので注意が必要。

コマツナギ
【駒繋ぎ】

マメ科
コマツナギ属

樹木

7-9月

根茎が丈夫で馬(駒)を繋いでも切れないほど強いということから、この名前になった。淡紅紫色の花はクズに似ているが、比較にならないほど小さい。

タマアジサイ
【玉紫陽花】

樹木 / 7–10月

ユキノシタ科 アジサイ属

6号路や日影沢などの川沿いに多い。名前の由来は、つぼみが丸い形をしていることから。紫陽花の仲間にしては装飾花が少ない。花は淡紫色が多いが、たまに白いものもある。

バイカツツジ
【梅花躑躅】

樹木 / 6–7月

ツツジ科 ツツジ属

落葉低木で夏に葉が生い茂る。葉に隠れるように花が咲くので、下から覗くとやっと見つけることができる。梅の花に似ていて、花弁には特徴的な模様が入っている。

クサギ
【臭木】

クマツヅラ科
クサギ属

樹木

8〜9月

最盛期の晴れた日には、カラスアゲハやモンキアゲハなどの大きめの蝶が吸蜜をしている姿が見られる。葉には独特の臭気があり、これが名前の由来になっている。熟した実も美しい。

ムラサキシキブ
【紫式部】

樹木 / 6-7月

**クマツヅラ科
ムラサキシキブ属**

　水平枝で、花は上向きに咲くが、ヤブムラサキよりも遅れて開花する。
　花も実も名前の通り、綺麗な紫色になる。

ヤブムラサキ
【藪紫】

樹木 / 6-7月

**クマツヅラ科
ムラサキシキブ属**

　全体的に毛が多く、下向きに花が咲く場合が多い。実はムラサキシキブより大きく、ヘタがついているので分かりやすい。

コウヤボウキ
【高野箒】

**キク科
コウヤボウキ属**

樹木

9-10月

　ナガバノコウヤボウキよりも1ヵ月ほど開花が遅れる。1年目の枝先にひとつずつ花をつける。
　ひとつ花に見えるが、小さい花が10個ほど集まって咲いている。

ナガバノコウヤボウキ
【長葉の高野箒】

**キク科
コウヤボウキ属**

樹木

8-9月

　2年目の枝に、節ごとに花を咲かせる。コウヤボウキとの違いは枝や葉にほとんど毛がないこと。花は小さく、集合した花は3個前後ほどしかない。

オオモクゲンジ
【大木欒子】

樹木
9月

**ムクロジ科
モクゲンジ属**

旧博物館跡の下の広場のほか、高尾山口駅のホームからも見られる。花の少ない初秋に咲くのでよく目立つ。花は空に向かって、葉の上に大きく飛び出している。下の写真のように、袋状の実が多く生る。

ミヤマシキミ
【深山樒】

ミカン科
ミヤマシキミ属

樹木

4-5月

秋から冬にかけて赤い実がよく目立つ。春先に固く閉じたつぼみが見られるが、開花までには多くの月日が必要なようだ。名前に「シキミ」がついているが、シキミ科ではなくミカン科の樹木。

おわりに

黒木昭三

　足繁く高尾山に通っていると、自分と同じように花との出合いを求めて訪れる顔見知りが増えてくる。そして花談義が始まる。撮った写真を見せると「何という花か？」「どこに咲いている？」と質問される。そして「花の名前が覚えられない」と口を揃える。自分自身がいつの間にか花の名前を覚えていたのは数多く高尾山に出かけたからにすぎない。一度覚えたら、忘れるように心がけよう。また覚える喜びがやってくるからだ。

　花探しの秘訣はゆっくり歩くこと。急いでは何も見えない。出合った花とゆっくり過ごす。通うほどに足腰が強くなり、知らないうちに花たちに健康管理されているのだ。

　春から秋、多くの花追い人が歩いている。グループの人たちは目の数が多いから探せる花の数も多い。迷惑にならない程度のストーカーになって、こっそり覗いて、知らない花だったらその名前を教えてもらおう。快く教えてくれるはずだ。

　そして、いつの間にか目にとまった花がその名前とともに心に残っていることに気づくはずだ。

2012年2月

参考文献

『高尾山　花と木の図鑑』菱山忠三郎　主婦の友社
『柳宗民の雑草ノオト』文・柳 宗民、画・三品隆司　ちくま学芸文庫
『柳宗民の雑草ノオト〈2〉』文・柳 宗民、画・三品隆司　ちくま学芸文庫
『日本の野草』林 弥栄　山と渓谷社
『山渓ポケット図鑑　春の花』鈴木庸夫　山と渓谷社
『山渓ポケット図鑑　夏の花』鈴木庸夫　山と渓谷社
『山渓ポケット図鑑　秋の花』鈴木庸夫　山と渓谷社

五十音順さくいん

ア
- アオイスミレ ………… 75
- アオフタバラン ………… 168
- アカネスミレ ………… 78
- アキノキリンソウ ………… 158
- アキノタムラソウ ………… 136
- アケビ ………… 70
- アケボノスミレ ………… 80
- アズマイチゲ ………… 8
- アズマヤマアザミ ………… 153
- アブラチャン ………… 188
- アメリカセンダングサ ………… 157
- イカリソウ ………… 48
- イケマ ………… 119
- イチヤクソウ ………… 85
- イチリンソウ ………… 9
- イナモリソウ ………… 58
- イヌガラシ ………… 49
- イヌコウジュ ………… 132
- イヌショウマ ………… 129
- イヌタデ ………… 138
- イヌホオズキ ………… 146
- イワタバコ ………… 99
- ウグイスカグラ ………… 183
- ウシタキソウ ………… 112
- ウスゲタマブキ ………… 150
- ウツギ ………… 193
- ウツボグサ ………… 90
- ウバユリ ………… 96
- ウマノスズクサ ………… 123
- ウメガサソウ ………… 197
- ウラシマソウ ………… 44
- ウリノキ ………… 198
- エイザンスミレ ………… 79
- エゴノキ ………… 194
- エゴマ ………… 131
- エゾスズラン ………… 179
- エノキグサ ………… 147
- エビネ ………… 173
- エンレイソウ ………… 31
- オウギカズラ ………… 45
- オオカモメヅル ………… 121
- オオキツネノカミソリ ………… 109
- オオバアサガラ ………… 182
- オオバウマノスズクサ ………… 71
- オオバギボウシ ………… 104
- オオバジャノヒゲ ………… 105
- オオバノトンボソウ ………… 178
- オオヒナノウスツボ ………… 139
- オオモクゲンジ ………… 206
- オオヤマハコベ ………… 115
- オカタツナミソウ ………… 51
- オカトラノオ ………… 88
- オクモミジハグマ ………… 149
- オケラ ………… 150
- オトギリソウ ………… 103
- オトコエシ ………… 113
- オニグルミ ………… 196
- オニシバリ ………… 186
- オミナエシ ………… 113

カ
- ガガイモ ………… 120
- ガクウツギ ………… 192
- カシワバハグマ ………… 149
- カスマグサ ………… 47
- カセンソウ ………… 94
- カタクリ ………… 30
- カタバミ ………… 95
- カツラ ………… 185
- カノツメソウ ………… 114
- カヤラン ………… 169
- カラスノエンドウ ………… 47
- カラスノゴマ ………… 140

ガンクビソウ	100
カントウミヤマカタバミ	17
キクザキイチゲ	9
キジョラン	122
キチジョウソウ	155
キッコウハグマ	161
キツネアザミ	68
キツネノカミソリ	109
キバナアキギリ	142
キバナノアマナ	33
キバナノショウキラン	171
キブシ	183
キンミズヒキ	94
キンラン	175
ギンラン	176
ギンレイカ	88
クサギ	203
クサボタン	142
クモキリソウ	177
クルマバナ	110
クワガタソウ	15
コイケマ	119
コウゾリナ	95
コウヤボウキ	205
コオニユリ	96
コゴメウツギ	191
コシオガマ	130
コスミレ	76
コチャルメルソウ	41
コバノカモメヅル	121
コマツナギ	201
コミヤマスミレ	83
コメナモミ	156

サ

サイハイラン	174
ササバギンラン	176
サツキヒナノウスツボ	61
サネカズラ	125
サラシナショウマ	129
サワギク	46
サワルリソウ	55
シギンカラマツ	101
ジャケツイバラ	72
ジャコウソウ	134
シモバシラ	143
ジュウニヒトエ	16
シュロソウ	141
シュンラン	167
シラネセンキュウ	154
シラヤマギク	117
ジロボウエンゴサク	38
スズサイコ	118
スズムシソウ	173
スズメノエンドウ	47
スミレ	83
セイタカトウヒレン	151
セキヤノアキチョウジ	132
セッコク	170
セリバヒエンソウ	23
センブリ	160
センニンソウ	124
センボンヤリ	63
ソバナ	108

タ

ダイコンソウ	117
タカオスミレ	82
タカオヒゴタイ	151
タカトウダイ	86
タチガシワ	69
タチツボスミレ	77
タニタデ	112
タマアジサイ	202

タムラソウ	……………………	144
ダンコウバイ	…………………	187
チゴユリ	………………………	34
チダケサシ	……………………	87
ツクバネウツギ	…………	190
ツチアケビ	……………………	172
ツリガネニンジン	…………	107
ツリフネソウ	…………………	102
ツルカノコソウ	………………	18
ツルギキョウ	…………………	165
ツルニンジン	…………………	126
ツルネコノメソウ	…………	11
ツルリンドウ	…………………	164
ツレサギソウ	…………………	177
トウゴクサバノオ	…………	15
トキリマメ	……………………	127
トネアザミ	……………………	153
トモエソウ	……………………	103
トンボソウ	……………………	178

ナ

ナガバノアケボノスミレ	……	80
ナガバノコウヤボウキ	……	205
ナガバノスミレサイシン	……	81
ナガボハナタデ	………………	137
ナツトウダイ	…………………	59
ナルコユリ	……………………	36
ナンテンハギ	…………………	98
ナンバンハコベ	………………	91
ニオイタチツボスミレ	………	77
ニガナ	…………………………	66
ニリンソウ	……………………	22
ヌスビトハギ	…………………	92
ネコノメソウ	…………………	13
ネジバナ	………………………	174
ノアザミ	………………………	65
ノイバラ	………………………	194
ノササゲ	………………………	127
ノダケ	…………………………	128
ノハラアザミ	…………………	152

ハ

バアソブ	………………………	126
バイカツツジ	…………………	202
ハシリドコロ	…………………	27
ハタザオ	………………………	53
ハナイカダ	……………………	200
ハナタデ	………………………	137
ハナニガナ	……………………	67
ハナネコノメ	…………………	10
ハハコグサ	……………………	62
ハバヤマボクチ	………………	144
ハルジオン	……………………	64
ハンショウヅル	………………	73
ヒカゲスミレ	…………………	82
ヒキオコシ	……………………	133
ヒキヨモギ	……………………	110
ヒゴスミレ	……………………	79
ヒトリシズカ	…………………	29
ヒナスミレ	……………………	75
ヒメウズ	………………………	18
ヒメウツギ	……………………	193
ヒメハギ	………………………	27
ヒメフタバラン	………………	168
ヒヨドリジョウゴ	……………	163
ヒラツカスミレ	………………	74
ヒロハコンロンソウ	…………	25
フサザクラ	……………………	184
フジカンゾウ	…………………	93
フシグロセンノウ	……………	106
フタバアオイ	…………………	42
フタリシズカ	…………………	29
フデリンドウ	…………………	17
ベニシュスラン	………………	181

	ベニバナボロギク … 145		ヤブミョウガ … 111
	ホウチャクソウ … 34		ヤブムラサキ … 204
	ホオノキ … 195		ヤブラン … 116
	ホタルカズラ … 56		ヤブレガサ … 148
	ホタルブクロ … 89		ヤマウツボ … 57
	ボタンヅル … 124		ヤマエンゴサク … 37
	ボントクタデ … 138		ヤマゼリ … 154
			ヤマタツナミソウ … 50
マ	マツカゼソウ … 115		ヤマネコノメソウ … 12
	マルバウツギ … 191		ヤマハタザオ … 54
	マルバコンロンソウ … 26		ヤマハッカ … 136
	マルバスミレ … 81		ヤマブキ … 189
	マルバノホロシ … 163		ヤマブキソウ … 40
	マヤラン … 181		ヤマボウシ … 189
	ミズタマソウ … 112		ヤマホトトギス … 111
	ミゾソバ … 135		ヤマユリ … 97
	ミツバアケビ … 70		ヤマルリソウ … 21
	ミツバウツギ … 192		ユキノシタ … 60
	ミミガタテンナンショウ … 43		ユリワサビ … 14
	ミヤマウズラ … 180		ヨゴレネコノメ … 12
	ミヤマエンレイソウ … 32		
	ミヤマキケマン … 39	**ラ**	ラショウモンカズラ … 20
	ミヤマシキミ … 207		リュウノウギク … 158
	ミヤマタニワタシ … 98		リンドウ … 162
	ミヤマナミキ … 90		レモンエゴマ … 131
	ミヤマナルコユリ … 36		レンゲショウマ … 84
	ミヤマハコベ … 19		レンプクソウ … 28
	ムヨウラン … 166		
	ムラサキケマン … 39	**ワ**	ワダソウ … 52
	ムラサキシキブ … 204		ワニグチソウ … 35
	ムラサキハナナ … 24		
	メナモミ … 156		
	モミジガサ … 148		
ヤ	ヤクシソウ … 159		
	ヤブデマリ … 199		

種類別さくいん

アカバナ科
タニタデ･･････････････ 112
ミズタマソウ･･････････ 112
ウシタキソウ･･････････ 112

アカネ科
イナモリソウ･･････････ 58

アケビ科
アケビ･･････････････････ 70
ミツバアケビ･･････････ 70

アブラナ科
ユリワサビ･･････････････ 14
ムラサキハナナ･･････････ 24
ヒロハコンロンソウ･･････ 25
マルバコンロンソウ･･････ 26
イヌガラシ････････････ 49
ハタザオ･･････････････ 53
ヤマハタザオ･･････････ 54

イチヤクソウ科
イチヤクソウ･･････････ 85
ウメガサソウ･････････ 197

イワタバコ科
イワタバコ････････････ 99

ウマノスズクサ科
フタバアオイ･･････････ 42
オオバウマノスズクサ･･ 71
ウマノスズクサ･･････ 123

ウリノキ科
ウリノキ･･････････････ 198

エゴノキ科
オオバアサガラ･･････ 182
エゴノキ･････････････ 194

オトギリソウ科
トモエソウ･･･････････ 103
オトギリソウ･････････ 103

オミナエシ科
ツルカノコソウ････････ 18
オトコエシ････････････ 113
オミナエシ････････････ 113

ガガイモ科
タチガシワ････････････ 69
スズサイコ････････････ 118
イケマ･･･････････････ 119
コイケマ･････････････ 119
ガガイモ･････････････ 120
オオカモメヅル･･･････ 121
コバノカモメヅル･････ 121
キジョラン･･･････････ 122

カタバミ科
カントウミヤマカタバミ･･ 17
カタバミ･･････････････ 95

カツラ科
カツラ･･･････････････ 185

キキョウ科
ホタルブクロ･･････････ 89
ツリガネニンジン･････ 107
ソバナ･･･････････････ 108
バアソブ･････････････ 126
ツルニンジン･････････ 126
ツルギキョウ･････････ 165

キク科
サワギク･･････････････ 46
ハハコグサ････････････ 62
センボンヤリ･･････････ 63
ハルジオン････････････ 64
ノアザミ･･････････････ 65
ニガナ･･･････････････ 66
ハナニガナ････････････ 67
キツネアザミ･･････････ 68
カセンソウ････････････ 94
コウゾリナ････････････ 95
ガンクビソウ･････････ 100
シラヤマギク･････････ 117
タムラソウ･･･････････ 144
ハバヤマボクチ･･････ 144
ベニバナボロギク････ 145
ヤブレガサ･･････････ 148
モミジガサ･･････････ 148
カシワバハグマ･････ 149
オクモミジハグマ･･･ 149
ウスゲタマブキ･････ 150
オケラ････････････ 150
セイタカトウヒレン･･ 151
タカオヒゴタイ･････ 151
ノハラアザミ･･････ 152
アズマヤマアザミ･･ 153
トネアザミ･･･････ 153
メナモミ････････ 156
コメナモミ･･････ 156
アメリカセンダングサ 157
リュウノウギク･････ 158
アキノキリンソウ･･ 158
ヤクシソウ･･････ 159
キッコウハグマ･･ 161
コウヤボウキ･･･ 205
ナガバノコウヤボウキ 205

キブシ科
キブシ･････････････ 183

キンポウゲ科
アズマイチゲ････････ 8
キクザキイチゲ･････ 9
イチリンソウ･･････ 9
トウゴクサバノオ･･ 15
ヒメウズ････････ 18
ニリンソウ･･･････ 22
セリバヒエンソウ･･ 23
ハンショウヅル･･･ 73
レンゲショウマ･･･ 84
シギンカラマツ･･ 101
ボタンヅル･････ 124
センニンソウ･･･ 124
サラシナショウマ 129
イヌショウマ･･･ 129
クサボタン････ 142

213

クスノキ科
ダンコウバイ············ 187
アブラチャン············ 188

クマツヅラ科
クサギ···················· 203
ムラサキシキブ········ 204
ヤブムラサキ············ 204

クルミ科
オニグルミ··············· 196

ケシ科
ヤマエンゴサク········ 37
ジロボウエンゴサク··· 38
ミヤマキケマン········· 39
ムラサキケマン········· 39
ヤブキソウ··············· 40

ゴマノハグサ科
クワガタソウ············ 15
サツキヒナノウスツボ··· 61
ヒキヨモギ··············· 110
コシオガマ··············· 130
オオヒナノウスツボ··· 139

サクラソウ科
ギンレイカ··············· 88
オカトラノオ············ 88

サトイモ科
ミミガタテンナンショウ 43
ウラシマソウ············ 44

シソ科
ジュウニヒトエ········· 16
ラショウモンカズラ··· 20
オウギカズラ············ 45
ヤマタツナミソウ····· 50
オカタツナミソウ····· 51
ウツボグサ··············· 90
ミヤマナミキ············ 90
クルマバナ··············· 110
レモンエゴマ············ 131

エゴマ······················ 131
イヌコウジュ············ 132
セキヤノアキチョウジ 132
ヒキオコシ··············· 133
ジャコウソウ············ 134
アキノタムラソウ····· 136
ヤマハッカ··············· 136
キバナアキギリ········· 142
シモバシラ··············· 143

シナノキ科
カラスノゴマ············ 140

ジンチョウゲ科
オニシバリ··············· 186

スイカズラ科
ウグイスカグラ········· 183
ツクバネウツギ········· 190
ヤブデマリ··············· 199

スミレ科
ヒラツカスミレ········· 74
アオイスミレ············ 75
ヒナスミレ··············· 75
コスミレ··················· 76
タチツボスミレ········· 77
ニオイタチツボスミレ··· 77
アカネスミレ············ 78
ヒゴスミレ··············· 79
エイザンスミレ········· 79
アケボノスミレ········· 80
ナガバノアケボノスミレ 80
ナガバノスミレサイシン 81
マルバスミレ············ 81
タカオスミレ············ 82
ヒカゲスミレ············ 82
コミヤマスミレ········· 83
スミレ······················ 83

セリ科
カノツメソウ············ 114
ノダケ······················ 128
シラネセンキュウ····· 154

ヤマゼリ··················· 154

センリョウ科
ヒトリシズカ············ 29
フタリシズカ············ 29

タデ科
ミゾソバ··················· 135
ハナタデ··················· 137
ナガボハナタデ········· 137
イヌタデ··················· 138
ボントクタデ············ 138

ツツジ科
バイカツツジ············ 202

ツユクサ科
ヤブミョウガ············ 111

ツリフネソウ科
ツリフネソウ············ 102

トウダイグサ科
ナツトウダイ············ 59
タカトウダイ············ 86
エノキグサ··············· 147

ナス科
ハシリドコロ············ 27
イヌホオズキ············ 146
マルバノホロシ········· 163
ヒヨドリジョウゴ····· 163

ナデシコ科
ミヤマハコベ············ 19
ワダソウ··················· 52
ナンバンハコベ········· 91
フシグロセンノウ····· 106
オオヤマハコベ········· 115

ハマウツボ科
ヤマウツボ··············· 57

バラ科
- キンミズヒキ ……… 94
- ダイコンソウ ……… 117
- ヤマブキ …………… 189
- コゴメウツギ ……… 191
- ノイバラ …………… 194

ヒガンバナ科
- オオキツネノカミソリ 109
- キツネノカミソリ …… 109

ヒメハギ科
- ヒメハギ …………… 27

フサザクラ科
- フサザクラ ………… 184

マメ科
- カラスノエンドウ …… 47
- カスマグサ ………… 47
- スズメノエンドウ …… 47
- ジャケツイバラ …… 72
- ヌスビトハギ ……… 92
- フジカンゾウ ……… 93
- ミヤマタニワタシ … 98
- ナンテンハギ ……… 98
- トキリマメ ………… 127
- ノササゲ …………… 127
- コマツナギ ………… 201

ミカン科
- マツカゼソウ ……… 115
- ミヤマシキミ ……… 207

ミズキ科
- ヤマボウシ ………… 189
- ハナイカダ ………… 200

ミツバウツギ科
- ミツバウツギ ……… 192

ムクロジ科
- オオモクゲンジ …… 206

ムラサキ科
- ヤマルリソウ ……… 21
- サワルリソウ ……… 55
- ホタルカズラ ……… 56

メギ科
- イカリソウ ………… 48

モクレン科
- サネカズラ ………… 125
- ホオノキ …………… 195

ユキノシタ科
- ハナネコノメ ……… 10
- ツルネコノメソウ … 11
- ヤマネコノメソウ … 12
- ヨゴレネコノメ …… 12
- ネコノメソウ ……… 13
- コチャルメルソウ … 41
- ユキノシタ ………… 60
- チダケサシ ………… 87
- マルバウツギ ……… 191
- ガクウツギ ………… 192
- ヒメウツギ ………… 193
- ウツギ ……………… 193
- タマアジサイ ……… 202

ユリ科
- カタクリ …………… 30
- エンレイソウ ……… 31
- ミヤマエンレイソウ … 32
- キバナノアマナ …… 33
- チゴユリ …………… 34
- ホウチャクソウ …… 34
- ワニグチソウ ……… 35
- ミヤマナルコユリ … 36
- ナルコユリ ………… 36
- ウバユリ …………… 96
- コオニユリ ………… 96
- ヤマユリ …………… 97
- オオバギボウシ …… 104
- オオバジャノヒゲ … 105
- ヤマホトトギス …… 111
- ヤブラン …………… 116
- シュロソウ ………… 141
- キチジョウソウ …… 155

ラン科
- ムヨウラン ………… 166
- シュンラン ………… 167
- アオフタバラン …… 168
- ヒメフタバラン …… 168
- カヤラン …………… 169
- セッコク …………… 170
- キバナノショウキラン 171
- ツチアケビ ………… 172
- スズムシソウ ……… 173
- エビネ ……………… 173
- サイハイラン ……… 174
- ネジバナ …………… 174
- キンラン …………… 175
- ギンラン …………… 176
- ササバギンラン …… 176
- クモキリソウ ……… 177
- ツレサギソウ ……… 177
- オオバノトンボソウ … 178
- トンボソウ ………… 178
- エゾスズラン ……… 179
- ミヤマウズラ ……… 180
- ベニシュスラン …… 181
- マヤラン …………… 181

リンドウ科
- フデリンドウ ……… 17
- センブリ …………… 160
- リンドウ …………… 162
- ツルリンドウ ……… 164

レンプクソウ科
- レンプクソウ ……… 28

黒木 昭三（くろき しょうぞう）

1939年 宮崎県都城市生まれ。
1963年より、東京都八王子市に暮らす。
会社勤めのかたわら、週末に高尾山へ通う。
著書に『ぽれぽれ高尾山観察記』（けやき出版）がある。

高尾山 花手帖

2012年3月 3日　第1刷発行
2018年5月28日　第2刷発行

著者	黒木昭三
発行者	小崎奈央子
発行所	株式会社 けやき出版 〒190-0023　東京都立川市柴崎町3-9-6 TEL 042-525-9909 FAX 042-524-7736 http://www.keyaki-s.co.jp
撮影	黒木昭三
デザイン・DTP	有限会社 ソーイトン
手書き文字	宮前今日子
印刷所	株式会社 サンニチ印刷

ISBN978-4-87751-461-7　C2645
©syozo kuroki 2018 Printed in Japan

落丁・乱丁本はお取り替えいたします。